基礎研究者

真理を探究する生き方

大隅良典　永田和宏

角川新書

新書化に寄せて

永田和宏

本書は、大隅良典さんとの共著『未来の科学者たちへ』を新書化したものです。新書化に伴い、タイトルを変更することになりました。

前著のタイトルは、これからサイエンスの世界に足を踏み入れようとしている学生や、将来科学者として研究を続けて欲しいと願う若い研究者たちへのメッセージを込めたものであったのですが、お読みいただければわかるように、本書はそこにとどまらず、より一般的に基礎研究とは何か、なぜ基礎研究が必要なのか、そして何より、わが国の基礎研究は、このままで大丈夫なのかという強い危機意識に基づいた内容になっています。

そのような本書の内容に即して、新書化に際してタイトルを『基礎研究者　真理を探究する生き方』とすることになりました。とっつきにくいと感じられるのではないかと危惧《きぐ》するところもありますが、決して大上段からのもの言いではなく、あくまで現場で感じた基礎研究の大切さを私たち二人の実感としての言葉でお伝えしようとするものであることは、お読みいただければすぐに納得していただけるのではないかと思っております。

副題の「真理を探究する生き方」は、固いだけではなく、正直、そうとうに気恥ずかしい言葉でもあると感じています。ここは、もし真理というものがあるとすれば、少しでもそれに近づきたいとする「生き方」という風にお読みいただければありがたいと思っております。言い換えれば、日常生活のなかで、科学的であるとはどういうことかを問い直し、できるだけ科学的な見方で世界を捉えつつ、日々の生活を送ることの大切さを考えたいということでもあります。

２０２０年の初めから、突如世界を席巻《せっけん》することになった新型コロナウイルスによるパンデミックは、１００年に一度といった大規模な影響と犠牲者をもたらしました。過去のパンデミックを見返しても、今回ほど、科学というものが、私たちの日常のすぐ傍に押し寄せたことはありませんでした。

ウイルスとは何なのか、これは生命なのか、なぜウイルスは次々に人びとに感染しなければならないのか、感染を防ぐために石けんで手を洗いなさいと言うけれど、なぜ石けんで手を洗うことが予防につながるのか。こんな身近な、しかし、知らなければ死の危険とも隣り合わせになりかねない基本的な知識、情報すら、積極的に得ようとしないで、ただ漠然とウイルス禍をやり過ごそうとしていたのが多くの人びとの現実ではなかったでしょうか。

科学というものが、あるいは科学的にものを考えるということが、いかに一般社会から敬遠され、縁のないもの、もとより難しくてわからないものとして遠ざけられているかを実感せざるを得ませんでした。

私も大隅良典さんも、普段は科学に興味のない人、科学など難しくてわからない、縁のないものだと思っている人にこそ、科学的な考え方の大切さを知ってほしいと願っている者です。科学的な考え方で世界を見ることによって、世界がどのように新しい顔を見せるのかを実感して欲しい。そのような願いを籠《こ》めた本が本書でもあります。

いっぽうで科学というのは常に現在進行形でもあります。わかっていることより、まだわかっていないことのほうが圧倒的に多い。私たちは専門家に聞けば何でもわかると考えがちですが、専門家になるほど、わからないことを多く抱えているのがサイエンスという世界でもあります。だからこそ、基礎研究に携わる喜びとスリリングな心のときめきといったものも存在するのです。本書では、基礎研究に長年携わってきた者として、そのわくわくする研究の喜びを少しでも読者とわかちあいたいという思いを強く持っています。そしてそれを共有していただける読者が一人でも多く現れることを望んでやみません。

実は、私はこの「まえがき」を、深い喪失感のなかで書いていることを最後に述べざるを得ません。

ごく最近（２０２４年7月23日）、私たちのもっとも大切な友人、田中啓二《たなかけいじ》さん（東京都医学総合研究所理事長）が突然亡くなりました。私たちの分野では「七人の侍」と呼ばれていた、同世代の研究者の仲間があり、本書にも写真が載っているように、私たちはそのメンバーでもありました。巨大なタンパク質分解装置プロテアソームの発見者の一人として、毎年ノーベル賞の候補にもあがっていた研究者ですが、その突然の訃報に接して絶句したのでした。

私自身は、彼を含めてこれら尊敬できる、そして何でも自由に話しあえる仲間を得られたことは、サイエンスをやってきた最大の喜びの一つと思っていますが、その大切な一人を失ったことは言葉に尽くしがたい悲しみ以外のものではありません。大隅さんとも相談し、本書を、われらのかけがえのない友人であった田中啓二に捧げたいと思います。

序章　こんなに楽しい職業はない

サイエンスの世界にようこそ

永田　私と大隅さんはとても長い付き合いで、いまでも大隅さんや、その他の仲間何人かとよく会って、科学の話だけではなく、いろいろなことを語り合うのを楽しみにしています。私たちは高校生の頃に科学のおもしろさを知り、そこからいくつかの回り道や落ちこぼれを体験しながら、サイエンスを続けています。その回り道については本書の中でおいおい話していこうと思います。

科学者というと非常に優秀かつ勤勉で、夜も寝ないで実験している、というようなイメージを持たれる方もいるかもしれませんが、決してそんなことはありません。特殊な頭のいい人、ある意味では変わり者、そんな人だけがサイエンスをしている、そんなステレオタイプな思い込みも一新してもらえたらと思います。

大隅　科学者というのは、もっとも自分の意思で生きていける職業です。少なくとも、大学の先生は自分で研究するテーマを決めて、自分の責任においてやっていけます。自分がおもしろいと思うことを自由に追求できる数少ない職業の一つなんです。本書でその魅力をぜひ伝えていきたいですね。

永田　科学者といって、最初にイメージするのは、一般には数学と物理じゃないかな。それができなくてはいけないと思われがちですが、決してそんなことはありません。私は科学者にとってもっとも必要なことの一つに、何かを本当に「おもしろい」と思えるかどうか、おもしろがる能力があると思います。

大隅　そのとおりですね。ですが、いま、大学にいて感じるのは、いまの学生たちは「おもしろいことをやりたい」ではなく、「役に立つことをやらなくては」と信じ込んでいるか、そう口にします。私が「そんなことないよ」と言っても理解してもらえません。

小柴昌俊《こしばまさとし》さんはノーベル賞を受賞したときに（2002年）、「その研究は何の役に立つのですか」という記者の質問に、「何の役にも立ちません」と返答して話題になりました。いまの大学の研究者の中にそう言い切れる人はあまりいないかもしれません。

役に立つことをやらなくてはという発想と地続きだと思いますが、一度も失敗せずに進まなくては、と考える風潮も心配です。講演会などで中高生に会うことがあるのですが、「どうしたら失敗しないで研究者になれますか」「失敗したときにはどうしますか」という質問が毎回出ますね。やる前から、失敗したときのことが気がかりなんですね。

永田　私なんかは途方もないことを考えたいと思うけどなあ。「ひょっとしてこんな可能性があるかもしれないぞ」と思って実験すると、まあ、だいたい失敗します。でも、失敗をする、イコール、その人がダメというわけではないでしょう。どれだけ失敗から学んだかが、その後の成功に正しく反映されていくと感じます。

失敗はべつに推奨されるものでもないけれど、一般社会と違って、研究者の世界というのは、失敗に意味がある、あるいは失敗から思いがけない新しい発見が導かれるという珍しい世界ですよね。だから思い切った挑戦ができる。ここを大切にして欲しいですね。

失敗したくないことの裏側には、早く成果を出したい、早く教授になりたい、なんていう焦りがあるのかもしれません。

大隅　人生100年になったんだから、もっともっと回り道をして欲しいです。22歳で大学院に入る、というのは日本だけです。アメリカやヨーロッパでは30歳を過ぎてから大学院に入る人もとても多いです。回り道をして「やりたいな」と思って大学院に入ってきます。そういう回り道があるからこそ、サイエンスの世界も豊かになるんです。回り道は実は回り道ではなかった、ということですよね。

永田　私なんかはまさにそれだな。

科学は人の営み

永田　ところで、２０２０年から一挙に世界を巻き込んだコロナ禍を、科学者の立場から見るとどうですか。私は、社会と科学が非常に近寄った稀有《けう》な例ではないか、と感じています。これまでは、「科学＝知識」だと思われていた部分があったと思いますが、サイエンスというのは実は人の営みなのだということを知る機会にもなりました。サイエンスは、すでにできあがったものを一方的に学ぶものではなく、常に現在進行形、あくまでいま行われている人の営みなのですよね。私は改めて、科学者の役割や科学のあり方について考えを巡らせました。

大隅　感染が発覚して一年でワクチンができましたし、コロナの論文も非常に多く出ています。まだわからないことは多々ありますが、人間が集中して問題解決しようとした結果です。科学が解決できることはたくさんあるというポジティブなメッセージになりました。ただ私はその点で気になることがあります。今回、テレビに出てきていた人は、ほとんどが疫学者でした。彼らは感染症対策の専門家なので、どう防ぐか、という話をします。私たちのような基礎科学の研究者、微生物学者が話をする機会というのはほとんど、というか全然ない。私たちは「ウイルスとは何か」「どんな特質があるのか」という話はできます。根本的な説明がなく、どうしたら感染する、しない、という話が取り上げられたので、一般の人は過大に恐れてしまうところがあったと思います。

永田　それはありますね。誰もが必要以上に恐れざるをえませんでした。たとえばいまだにコロナの原因であるウイルスが、ばい菌だといわれたりします。ばい菌というのは、生物学的には細菌ですが、ウイルスと細菌は違います。ですから感染した方に対して、「保菌者」などというのは間違っています。

細菌はそれ自身で生きています。ところがウイルスは、別の生物、ヒトでも動物でも、あるいは植物や他の細菌に感染して、それらが持っている装置を借りなければ、自己増殖できない。ウイルスは自分の遺伝子は持っているのですが、「他人《ひと》の褌《ふんどし》」を借りなければ生きられません。ですので、厳密な意味で「生物」とみなさないというのが一般的な理解です。
なぜ今回、三密《さんみつ》を避けるのかといえば、原因がウイルスだからです。ウイルスというのは宿主の外に出たら単体では生きられません。新型コロナウイルスも人に感染する以外、自分を増やす方法はない。そこまで知ってもらうと、なんで密になったらいけないのかということを納得してもらえるのではないかな。

日本のサイエンスのいま

永田　私たちが本書を作ろうと思った動機は、サイエンスの楽しさや素晴らしさをぜひ多くの方々に、特に若い世代の方々に伝えたいという思いです。いまのサイエンスに楽しい、ポジティブな話題が少なくなってしまっていて、「役に立つ」かどうかでがんじがらめになっているからです。もっと自由で楽しいものなんだということを伝えたいと思う。

それは、日本のサイエンスの現状と将来を憂う気持ちでもあります。またコロナを例にしますが、世界では想像以上の速さでワクチンができましたが、日本は完全に乗り遅れました。

大隅　かつては、大企業はどこも中央研究所というのがあって、大学の先生に匹敵するくらいの実力のある研究者がいました。中央研究所では、その会社の利益に直結することだけでなく、さまざまな基礎科学の研究を行っていました。たとえば日本電気の研究所にはノーベル賞をもらう可能性のある人が何人いるかというレベルで、活気がありました。ところがその後、どの企業も中央研究所をつぶしてしまった。いまも中央研究所を残している企業はほとんどないでしょう。企業はもう基礎科学をやらないと宣言したというわけです。

たとえば武田薬品工業などがいい例でしょう。東海道《とうかいどう》線からも見えるその巨大な湘南《しょうなん》研究所はいまは廃止され、産官学連携に貸し出されることになりました。研究員も3分の1にしました。

武田薬品工業は日本最大の製薬企業ですから、方針転換には衝撃が走りました。一企業の戦略からいえば、「生き延びるために海外の勢いのいいベンチャーを買いあさります」というのは、一つの選択なのかもしれません。それで20年や30年は生き残れるかもしれない。だけど、日本の企業が全部それを始めたらどうなりますか。それに見合った研究が国の研究機関でなされれば別ですが、確実に日本の基礎研究力は低下し、次の研究を始めるための人材が枯渇することになると思います。

永田　その結果の一つが、日本のワクチン開発競争の後れですね。患者数が少なくて、治験ができなかったということもあったけれど。コロナに関する論文の数にも表れています。2021年7月時点でいちばん論文が出ているのはアメリカです。次が中国。日本は16番目です。本当に少ないですね。

大隅　学生たちの「役に立つことをやらなくては」という発想も、この論文の本数も、日本のサイエンスが置かれている現状と非常に関係があると感じます。国から大学の研究者に与えられる研究費の偏りについての問題なども議論していきたいと思います。

永田　先日私は、大隅さんが主宰している大隅基礎科学創成財団のパンフレットに寄稿したのですが、こと防災とか防疫の予算というのは、いま役に立つから予算措置をしますというものでは駄目なんですね。こういう予算は、〈役に立たなかったからよかった〉という性質のものなんです。役に立ったら実際には困るんです。この発想転換が必要です。

コロナもそうですが、100年に1回起こるかどうかわからないことだけど、もし起こったときに何万人、何十万人の人の命を救うためには、いま、無駄になってもいいからやる、そのための予算を出すという判断が必要なのが防災・防疫の予算ではないでしょうか。いま、役に立つ、立たないという発想では対応できません。

大隅　本当にそういう発想が日本は貧困ですね。行政もそうかもしれませんし、その発想が一般の人の意識にも浸透してしまっているようで危惧しています。「なんでこんな無駄なことをするんだ」「役に立たないことになんで我々のお金を使うんだ」といった考えです。その視点からいえば、私たちがしてきたような基礎科学は成り立ちません。

いまの社会では、「いま、役に立つかどうか」が、数年単位でしか考えられなくなっています。「役に立つ」という呪縛《じゅばく》というか、発想する時間の問題かもしれません。ベーシックサイエンスも１００年後には役に立つかもしれないということは言えると思います。

最初から専門を決めなくてＯＫ

永田　「役に立つ、立たない」という話とも繋《つな》がるのですが、未来の科学者の皆さんにぜひ伝えておきたいことがあります。それは、専門だけではなく、専門以外のことにも興味を持って欲しいということです。私はよく研究室の学生たちにこう言います。

「科学者と会って、サイエンスのことが話せないのは論外だけれど、サイエンスの話しかできないのではおもしろくない。これまで私の会ったいい科学者は、いろんなことに興味を持っていて、例外なくおもしろかった」

何がおもしろいのかと言うと、専門外のことを話しても、何にでも興味を持っているんですね。日本の文学のことを話題にしても私より知っていることもあって、驚かされることはしょっちゅうでした。

大隅　それは本当に。私もいろんなところで書いているけど、外国の研究者から、「小津《おづ》安二郎《やすじろう》のこの映画見たか？」とか聞かれたりね。「黒澤明《くろさわあきら》の○○についてはどう思うんだ」「村上春樹《むらかみはるき》の○○はどう感じたか」といった感じで、そういう議論を平気でしてきます。「すみません、読んでいません」ということが度々ありました。

それは多分、小さいときからそういう教育を受けているというのと、あとは彼らの方が時間的にも精神的にも余裕があるのではないかな、と感じましたね。

永田　東京工業大学は教養教育に力を入れていますよね。

大隅　たしかに東工大は、教養教育、リベラルアーツを大事にしている珍しい大学だけど、そもそも工業大学といわれるところの制約があるでしょう。この頃の学生の傾向として、大学の教育内容に期待するよりも、卒業後の就職に有利だというのが大学選びのポイントだというんです。正直に言えば、私がノーベル賞をもらったときに、東工大に生物を希望する学生が増えるかなと期待したのですが、ちょっとは増えましたけど、あまり影響なかったですね。
私は大学の教養学部の2年間は、かなり本を読んでいました。ロシア文学の分厚い本とか、いろいろ乱読で。

永田　私も教養の1年生の半年は、ほとんど大学に行かずにロシア文学ばっかり読んでいましたね。あのときだけですよ、あの長いロシア文学読めたの。

大隅　いま読めるかと言ったらやっぱりむずかしい。連続した時間も、体力もいるんです。私が教養学部生のときの生協には、文学全集や哲学書などがずらりと並んでいました。そういう時代だと言われればそうかもしれません。岩波とか筑摩書房とか角川もありましたよ。いま、「文学全集を読んでます」などという学生、いませんよね。東工大の生協に行くと、「大学でこんな本売ってくれるなよ……」というような本ばかりです。専門書の解説書だとか、ビジネス書とかね。一回、文句言ってやろうと思っているんです。

永田　大学そのものの問題もあるけど、社会全体がそういう方向に向かっています。高校から専門教育をさせるという話もありました。早く役に立つ人材を得たいということですね。

大隅　それがいまのトレンドです。ですが一方で、社会が反省期に入っているのでは、とも感じます。グローバルな人材は、「役に立つ人材」だけだと成り立たないということに気づき始めていると思います。私、財団の関係でいろいろな企業のトップの人と会う機会があるのですが、そういう危機感を持っている方は多くいます。

たとえば北九州に安川電機というモーターの企業があります。小さなモーターも作っていて、ロボット産業にも非常に貢献しています。そこも以前は、地上の最小モーターはなにか、バクテリアの鞭毛《べんもう》モーターだと考えて、10人近い人数で研究していたと聞いて驚きました。その会社の人が最近私の財団の活動に参加してくれました。「そろそろもう一回、基礎研究を復活させようと思います」「勉強します」と言って。

新しい技術開発にも、だんだん総合的で多岐にわたる解析が必要になってきています。したがって、いろいろな人が違った視点から議論をして初めて、新しい可能性が見えてくるのではないかと思うのです。

サイエンスは社会的な存在である

大隅　サイエンスの世界で成功者だけをみていると「すごいな、自分には無理だ。やーめた」ということになるかもしれませんが、いろいろな人がいて科学者の世界は成り立っているんだよ、ということもぜひ伝えたいと思います。

科学者というのは自分一人だけの活動ではなく、社会的な存在でもあります。一人の人間は集団の中で育っていく。その集団に多様な人がいることが大事です。評価軸から外れるような人も含めた多様性です。その中で発見が出てきたりするんです。

永田　私もまさにそう思っています。科学者のいちばんの喜びの一つがディスカッション（議論）だと思う。ディスカッションに喜びを見いだせないなら、科学者になっても意味がないとさえ思っているのですが、いまの話と結びつきます。ディスカッションのおもしろいところは、「あなたはそう言うけど、こういう考え方もあるよ」という、別の考え方を示すところだと思う。「そんな考え方もあったのか」と気づかされるんです。自分の考え方や世界は、ディスカッションの中で開いていくというのが実感ですね。同調してばかりの人間というのは、話していても正直あまりおもしろくない。最近の若い人は、自分と反対のことを言われるのをすごく怖がっているようなんだけど……。

大隅　本当にそうですね。違う意見があって初めて議論になる。同じ意見の人ばかりだったら議論する必要はありません。これはとても根本的なことですよね。

だからやっぱり、科学の世界でもいろいろな考え方の人間が必要だと思います。これは科学の世界に限らないですね。だから、ステレオタイプに、こんな人が科学者で、こうならなければならないっていうようなことはないんです。それではおもしろくないでしょう。そういうステレオタイプをイメージして、科学の道に踏み出せない若者がいるなら、むしろ間口を広げてあげたい。踏み込んでみないことにはできるかどうかわかりませんからね。

永田　そういう若い人たちを応援する社会であって欲しいですね。その道筋を私たちなりに考えようというのが、この本なのかもしれません。

この先日本は人口が減少し、ますます超高齢社会が進行してゆきます。人もお金も縮小していく社会で、「役に立たない科学」などやっていく必要があるのか？　そんな疑問を持っている方も、いるかもしれません。いまなぜ、科学が必要なのか、科学が役に立つとはどういうことなのか、若い人たちに、「科学ってちょっとおもしろいんじゃないか」と思ってもらえるきっかけになればうれしく思います。

目次

第Ⅱ部　効率化し高速化した現代で　103

第Ⅲ部　「役に立つ」の呪縛から飛び立とう　165

編集協力　佐藤美奈子／図版作成　小林美和子

第Ⅰ部

研究者の醍醐味

――世界で自分だけが知っている

研究の最前線で活躍してきた二人は、どんな子ども時代を過ごしていたのだろうか。学生、研究者と進む中で、どんな心持ちで研究に打ち込んできたのか。もちろん失敗もあり、回り道もあったはずだ。本章では、それぞれの人生の歩みに耳を傾けてみよう。その時代ならではの社会環境にも注目したい。

第一章　研究は「おもろい」から

永田和宏

選択はおもしろいほうを

人は日々、なんらかの選択をしながら生きていると私は思っている。大から小までいろんな選択があるが、そのなかで、人生には時おり将来を左右するほどの大きな選択の機会が訪れるものだ。そんな選択の場面で、おもしろいほうと安全なほうがあれば、私はとりあえずおもしろいほうを選んできたと思う。おもしろそうだけれどリスクがある、あまりおもしろくなさそうだけれど安全だ、という選択肢のどちらを選ぶかは大きな問題だ。

私は幸いにも30代の終わりから自分の研究室を持ち、学生たちを見てきたが、常々そう言ってきた。もちろん、安全な道を選ぶことで得られる健全さもあるが、一回しかない人生なので、できれば自分がいちばんやりたいこと、おもしろいことをやって欲しい。

私がおもしろいほうの選択を学生に勧めるのには理由がある。それは、科学者である私自身が、いわゆる「落ちこぼれ」経験を経てなお、数々の選択の場でおもしろいほうの道を選んできたことに後悔がないからだ。

細胞生物学者として研究を続けてきた私だが、大学時代は理学部物理学科で理論物理学を専攻した。

いまから六十年前、私が高校生のころの生物学は、分子生物学などはまだ教科書には記載されておらず、いわば暗記の学問だった。私は覚えることが嫌いで、当然生物学はいちばん嫌いな学科だった。医学部もなにやら覚えることがいっぱいありそうで敬遠したかった。

高校時代に非常に魅力的な物理の先生に出会ったことは、私には大きなことだったと思っている。その先生は、何でもいいからとにかく人と違う解答をしてごらんというのが口癖であった。模範解答と違う解き方を奨励された。時間はかかるし、回り道だが、公式に頼るのではない解き方をすることで、公式というものがどうしてできてきたのかを理解することもでき、いっぽうで、公式を知らなくても何とか自分なりにやれば、答えにたどり着くんだという自信も得たように思う。

猪木《いのき》正文《まさふみ》著『数式を使わない物理学入門』（光文社カッパ・ブックス、その後2020年に角川ソフィア文庫から復刊）という本を読んだことも大きかった。この本の知識で物理の先生を困らせるのも大きな楽しみだったが、この時期、微分方程式と初期条件さえあれば、世の中のすべてのことは記述できるんだなどと、幼く豪語していた。いろいろ覚えるより、単純な原理から世界が見渡せるという爽快感《そうかい》が、堪《こた》えられなかったのかもしれない。

そんなことで、「学問をするなら物理だ」と思っていたが、物理をやるのなら、京都大学には湯川秀樹《ゆかわひでき》先生がおられる。東大を目指すという選択肢はなかった。迷うことなく京大理学部を受験した（写真１－１）。ところが、である。大学入学後、３回生になるまでは成績もわりあいに良かったのだが、その後あっけなく、物理学から落ちこぼれてしまった。私自身「三重苦」と呼んでいるその原因がある。

簡単に紹介すれば、一つは１９６８～70年にかけての学園紛争だ。ロックアウトされた大学では１年間、ほとんど講義が行われなかった。しかし、これはみんながそうだったので、落ちこぼれの理由にはならないだろう。二つ目は短歌に出会ったこと。短歌という短い詩型で自分を表現できるおもしろさに魅せられ、学生短歌会と同人誌、結社誌に入会し、まさに短歌漬けの生活になってしまった。三つ目がその短歌を通して恋人、後に結婚する歌人の河野《かわの》裕子《ゆうこ》に出会ったこと。恋人が歌人であったことで、恋愛と短歌がリンクし、もう物理学どころではなくなってしまった。

結局、大学には1年の留年を含め、5年間在籍した。大学院の入試にも失敗し、5回生の12月になって何とか森永乳業の研究所に就職を決めた。いまだったらとても無理だろうが、あのころの私には不思議な自信があり「絶対採用してくれる」と思っていた記憶がある。就職試験も、性格テストのような簡単なものだった。

　会社に勤務した5年半はかけがえのない時間だった。そこで初めて学問というもの、研究というもののおもしろさに目覚めたからだ。

　とはいえそれまで理論物理学を専攻した私は、まったく使い物にならなかった。ところが、会社が新規事業としてバイオという分野に進出する時期が、私の就職の時期と重なったことが幸運だった。乳業、乳製品に詳しい人はいくらで

写真1－1　京都大学理学部物理学科の頃。ゼミナールの一コマであろう。何やら楽しそうに発表しているが、黒板の数式はもはや何のことなのかまったくわからない。これは本当に私なのだろうかと思うほどである

もいるものの、ことバイオに関しては研究所員全員が素人同然だった。恐らく上層部もよくわかっていなかったのではないだろうか。

そこで、もっとも使いようがなく、遊ばせておいた新人の私が、その分野に回されることに。私は新薬を開発するための基礎研究に携わることになったのである。

社内には質問できる先輩も同僚もいない。ただ、このことが逆に私にはよかった。「がん」の治療に関する研究をして欲しいというだけで、そのターゲットも指示されない。なんとも無責任だが、誰もわからないのだから仕方がない。ゼロからの出発だから自分で考える以外ないのである。

何を研究したらバイオなのかさえ理解できていない私は、いろいろな本を読んだり論文に当たったり、電話で各方面に問い合わせたりして、まずは細胞を培養するところから始めた。スタッフとして私のほかにもう一人、課長がいたが、彼もバイオはほとんど何も知らない。

とにかく文献を読みながら実験を始め、わからないことができると、東大の吉倉廣《よしくらひろし》先生のもとに通った。試験管やシャーレを持って行っては、

「細胞が増えませんが、どうしたらいいんでしょう」

などと尋ねる。

「馬鹿だなあ、君が見ているのはシャーレの底だよ。顕微鏡の焦点が合っていない。君は焦点を合わせることも知らないのか！」

と、呆《あき》れられたりもした。学生時代、波動方程式がどうの、相対性理論がどうの、という生活で、生物については何の基礎教育も、実験の訓練も受けておらず、顕微鏡も満足に使えなかったのだ。

理論物理学という分野は、実のところ大学院まで行かないと研究のおもしろさがわからない分野でもある。講義を聞くだけの授業、つまり座学は、多くの場合つまらないものだ。ところが企業に就職し、自分で手を動かすようになったことで、にわかに研究がおもしろくなってきた。ああでもない、こうでもないと試行錯誤しながらも、見えてくる世界があった。

やはり研究者になろう

いったん自分の手で研究を始めてみると、「エッ、こんなおもろいもんやったんか、研究は」である。毎日、今日は何をやるか、自分で考え試してみるのが楽しくてたまらない。

研究に夢中になって、会社では残業が続いた。私自身は単におもしろいからやっていたのだが、残業オーバーである。「これ以上残業をするな」と労働組合からにらまれたりもした。

私たちは、当時、自治医科大学におられた髙久《たかく》史麿《ふみまろ》先生、三浦《みうら》恭定《やすさだ》先生に相談し、異物を捕食する白血球の一種、マクロファージを増やすための薬を作ることに挑戦することになった。たとえば抗がん剤治療によって骨髄細胞が死滅させられると、白血球は骨髄細胞から作られるので、当然その数は少なくなる。侵入した外敵を食べてくれるマクロファージも少なくなる。このマクロファージを増やす薬を作り、抗がん剤治療の効率をあげようというわけである。

自治医大やがん研（公益財団法人がん研究会のがん研究所）、東大や予研（当時の国立予防衛生研究所、現在の国立感染症研究所の前身）など、いろんなところの先生に片っぱしから話を聞きに行き、試行錯誤の日々が続いた。私自身、数か月間自治医大の三浦研究室で研究を続けたこともあった。

余談ながら、そのとき大学院生として研究室に入ってきたばかりの須田《すだ》年生《としお》さんとは、お互いの腕に針を刺し、血液を採りあいながら実験に供したりもした。彼はその後、熊本大学や慶應義塾大学、そしていまもシンガポールの研究所で研究を続けているが、日本の血液学の泰斗である。血を分けた義兄弟などといいながら、彼とはいまも交流が続いている。

そうこうしているうちに、どうやらそれらしきものができそうになってきた。会社からも評価され、期待されるようになる。

ところが期待されることで、私はどうにも居心地が悪くなり始めた。（嫌な言葉だが）部下が二人ほどつくようになり、自分一人ならば自由にできたことに、大きな制約が課せられることになってきた。薬の開発という目標に向かって一直線に最短距離を進む。よそ見をしたり、わき道にそれて道草を楽しんだりすることは許されない。新薬の開発というのは、その人の半生を賭《か》けてもおかしくないほどの大きな仕事だ。臨床実験を繰り返していれば、一つの薬を作り上げるために、どんなに早くても20年ほどはかかる。

サイエンスがおもしろくなり始めたときではあったが、この薬の開発のためだけに20年を費やしていいのだろうかという思いが強くなってきた。そしてとうとう就職して5年半ほど経った29歳の秋に、会社を辞める決心をしたのである。大学に戻って研究者になろう、研究をやりたい、と思ったのだ。すでに結婚をしており、二人の子どもはまだ1歳と3歳だったが、もうその選択以外、考えられなくなっていた。

がん研におられた井川洋二《いかわようじ》先生から、がん研に来ないかという話をいただいた。とんでもなくありがたい話であったのだが、その当時、私自身は京都大学ウイルス研究所におられた市川康夫《いちかわやすお》先生（写真1－2）の研究に惚《ほ》れ込んでいた。骨髄性白血病細胞に分化誘導因子を加えると、マクロファージや好中球（白血球の一種）に分化し、正常細胞に戻るという研究であった。

井川先生は赤血球系の白血病細胞を分化させて治療しようという戦略、市川先生は同じことを骨髄性白血病に対して試みるということで、わが国では、この二人が白血病の分化誘導療法の双璧《そうへき》であった。

私は、正月や夏の帰省の折には、市川先生を訪ねて、研究の助言などを受けていた。市川先生は、研究も素晴らしかったが、その気さくな人間性に大きな魅力があり、井川先生のお気持ちはありがたいと思いつつ、市川先生のもとで研究をやらせていただくことを決意した。

研究を続けると言っても、別に給料が出るわけではない。無給なのである。世間的な常識から言えば、無謀であり、家族に対しては無責任である。なにしろ三歳と一歳の子を抱えての、しかも将来の保証のなにもない無給生活である。しかし、これ以外ないと思い定めていたところがあり、妻河野裕子も賛成してくれて、とうとう会社を辞めて、京都に舞い戻ることになった。29歳の秋。さすがに30歳を越えると、踏み出せないかとも思っていたので、ぎりぎりの決断であった。

まさに、「おもしろいほう」と「安全なほう」があるうち「おもしろいほう」を選んだわけだが、いまでもいい選択だったと思っている。一般的に見れば、無謀で無責任な選択かもしれない。研究者は、何年か後の生活は安泰などという保証が何もない世界だ。しかしまだ若かったせいか、それほどの悲壮感はなかった。

写真1－2　市川康夫先生

しかし、この無謀な決心があったから、現在の自分があるとも思っている。会社にいても、それなりのおもしろさは当然あっただろうし、もう少し金持ちになれたかもしれないが、サイエンスの世界に身を置いてやってきた、それ以降の40年のおもしろさには匹敵しなかったのではないかと実感として思うのである。もちろんこれは、比較的うまく行ったから言えることでもあり、そうでなかったときのことを考えると怖ろしくもなるが、私にこの冒険に飛び込むだけの好奇心と野心があったことだけは、幸せなことだったと思っている。

ワン・オブ・ゼムではおもしろくない

おもしろいほうを選ぶことに加えて、もう一つ大切にしているのが、「流行の研究を追わない」ということである。もともと人と競争するのが嫌いなこともあり、誰もやっていない分野を見つけて研究する気持ちは駆け出しの頃からあった。

私は１９８６年にＨＳＰ47というタンパク質を発見した。これは後に、コラーゲンを作るために必須《ひっす》となる熱ショックタンパク質（Heat Shock Protein、ＨＳＰ）であることを明らかにすることができた（図１－１）。

病気のなかには、コラーゲンが異常に溜《た》まることで起こる厄介な線維化疾患（肝硬変、肺線維症、動脈硬化など）がたくさんある。明確な治療法が見つかっていないこれらの病気の治療ターゲットとしていま、ＨＳＰ47が注目されている。コラーゲンの異常蓄積によって引き起こされるのが線維化疾患であるが、そのコラーゲンを作るにはＨＳＰ47が必須のタンパク質であることを証明することができた。で、あれば線維化疾患の治療戦略とし

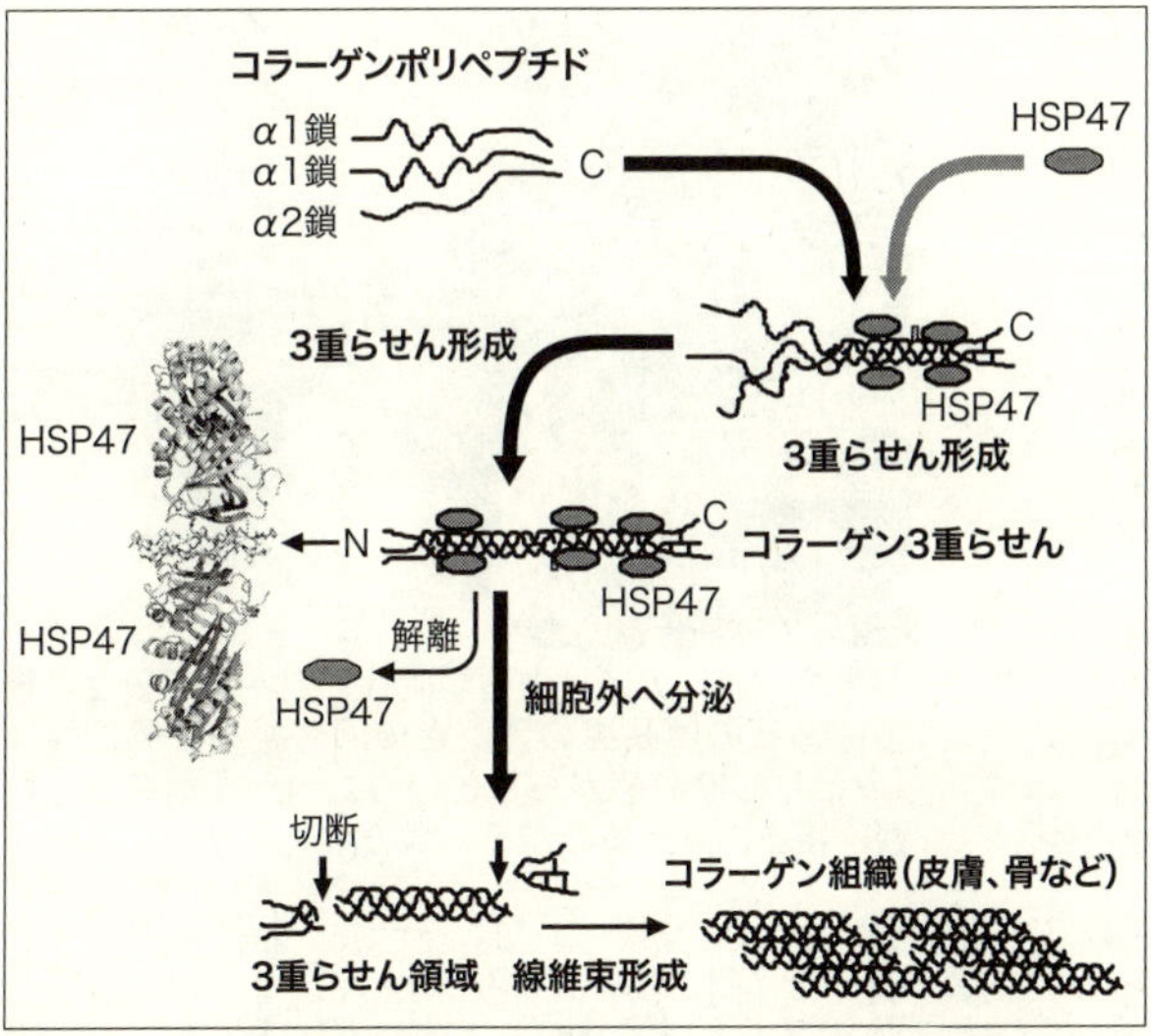

図1－1　小胞体で合成されたコラーゲンポリペプチドは、3本が集まって3重らせん構造を形成する。HSP47は3重らせん領域に左側の図のように結合し、3重らせん形成を促進する。3重らせんを形成したコラーゲンからはHSP47が解離し、コラーゲンは細胞外へ分泌されて、3重らせん以外の部分が切断され、線維束を形成することによって、骨や皮膚のコラーゲン組織を作る

てHSP47を減らしてやればいいとは誰もが考えるところ。HSP47を減らすことで、実際に線維化の程度を落とせることを初めて証明したのも、私たちのグループだった。いまでは、このタンパク質を減らすための医師らの研究が、日本を含め世界各国で始まっている。世界で700本以上の論文が出ているはずである。

　私の研究室も、国の研究機関や民間の製薬企業、

写真１－３　アメリカ留学時代、自宅前で妻と。後ろにいるのは長男の淳。妻の河野裕子は帰国後、『みどりの家の窓から』というエッセイ集を出したが、後ろに見えるのがその緑の家

あるいはドイツの製薬企業などと共同研究を行ってきた。ただ、もともと私は、これらの病気の治療に役立つことを狙ってこのタンパク質の研究を開始したわけではない。

この発見は、実は、最初に狙った結果がうまく行かなかったところから出てきたものだったのである。私は36歳のとき、アメリカのＮＩＨ（国立衛生研究所）の中にある国立がん研究所に、客員准教授として留学した（写真１－３）。これは自分が調べて見つけた研究室ではなく、人を介して、来ないかと誘われたという、まったく主体性のない偶然からの留学であった。細胞がほかの細胞や組織と結合するために必要なフィブロネクチンというタンパク質があるが、それを発見したケネス・ヤマダ（Kenneth M. Yamada）という日系三世の研究室に行くことになったのである（写真１－４）。しかし、恥ずかしながら、

フィブロネクチンというものについてよく知らないままに、ケンのラボの一員になったというのが、たぶん実態に近かったのだろう。

その当時、フィブロネクチンは非常に重要なタンパク質で、驚いたことに、ケンのラボのメンバー全員が、フィブロネクチンを認識する細胞側のタンパク質、フィブロネクチンリセプターを見つけることを目的にしていた。

写真1－4　ケネス・ヤマダ（右）とその妻のスーザン

しかし、人と競争するのが嫌いで流行を追いたくないと思っていた私は、同じラボで彼らと競争しながら、同じタンパク質を追うのは気が進まなかった。フィブロネクチンと同じく、細胞の外に分泌されるタンパク質にコラーゲンがある。細胞はフィブロネクチンにもコラーゲンにも結合することができ、それならフィブロネクチンにリセプターがあるように、コラーゲンにもリセプターがあるはずだと考えた。

「みんなはフィブロネクチンリセプターを探している。だから私はコラーゲンリセプターをやりたい。皆と同じことをやるのは気が進まない」

と、拙《つたな》い英語でケンと交渉である。ケンは承諾し、私はコラーゲンリセプターを見つけるというプロジェクトを始めることができた。実験は見事にうまく行き、コラーゲンに結合する新規のタンパク質を同定することに成功した。

コラーゲンリセプターを見つけた！　と喜んだのだが、調べてみると、そのタンパク質は細胞の中にあることがわかった。細胞の外でコラーゲンを認識するリセプターとはなり得ない。がっくりである。

とはいえ、コラーゲンリセプターではないけれど、それが新しいタンパク質であることは確かだ。

「ではこのタンパク質はいったい何をしているのだろう？」

というのが次の疑問である。失敗の理由を考え、その意味を問い直してみると、常に次の問いが出現するものである。それを見逃さないことがまず大切。そして、狙っていたもの、狙っていた結果と違ったからと言って、それを捨ててしまわないこともまた大切だというのが、この経験から学んだことである。

結果的に、細胞の中でコラーゲンが作られるのを介助する分子シャペロンであることがわかったのだが、そのときはまさかそんな秘密があるなどとはまったく思っていなかった。実際、それを完全に証明できるまでに13〜14年もかかった。

ケネス・ヤマダとしては当然、私にもコラーゲンリセプターを釣りあげて欲しかっただろうと思う。しかし私からすると、コラーゲンリセプターの研究はやはりワン・オブ・ゼムだった。フィブロネクチンやコラーゲンなどを細胞外マトリックスと言う。細胞外マトリックスにはそれぞれリセプターがあり、現在ではそれらはインテグリンファミリーと呼ばれているが、コラーゲンリセプターもその概念の一つだからである。

熱ショックタンパク質というのは、細胞に熱が加わることで誘導されるという特徴を持ったタンパク質のことである。熱をかけると、生卵がゆで卵になるが、これは卵のタンパク質が変性、凝集して固まるからである。細胞内のタンパク質が変性すると細胞は死滅してしまうので、変性しないようにブロックするタンパク質が必要だ。熱ショックタンパク質は、細胞に熱がかかると誘導され、熱などのさまざまなストレスに対する細胞レベルの防御機構を担うタンパク質なのである。

熱だけでなく、糖などの栄養成分が足りなくなって正常なタンパク質を作れなくなることなども細胞へのストレスとなる。熱ショックタンパク質は、より一般的にはストレスタンパク質と呼ばれ、さらにストレスがかからなくても、細胞の中でタンパク質の変性などを防御したり、タンパク質が正しく作られるのを助けている、より普遍的な機能を持ったタンパク質もある。

これらを分子シャペロンと呼んでいる。シャペロンとは介添え役という意味であるが、タンパク質が正しく作られたり、変性するのを防いだりする介添え役をしているのである。ＨＳＰ47はコラーゲンが正しく作られるのを助け、細胞の中でコラーゲンが変性するのを防ぐコラーゲン特異的分子シャペロンだったのである。

私が日本に帰るときには、ケンは「ＨＳＰ47はうちでは研究しない。うちのテーマではないから、あなたが持って帰りなさい」と言ってくれた。言葉どおりに持ち帰った私は、日本でその仕事を発展させることができた。

種を蒔こうとするスタンスが基礎研究

帰国して、幸いにも京都大学の教授になることができた。米国でのＨＳＰ47などの研究が評価されたのだろう。39歳であった（写真1－5）。

この年齢で教授になり、教室運営を担うこと自体はありがたいことではあったが、精神的にはけっこうしんどい時期でもあった。なにしろ研究室のメンバーは、市川先生の時代からおられた助教授、助手、すべて先輩なのである。教授になって、助手を一人採ることができたが、帰国して新しい研究に着手することのほかに、人間関係で神経をすり減らすという時期が長く続いた。妻の河野裕子は、「あなたはあの時期に10歳くらい老けたわよ」と、後年、何度も言っていた。

しかし、いまという時点から考えてみれば、京大時代、そして定年少し前に転出して学部長になった京都産業大学時代を含め、三十数年を大学教員として、若いスタッフたちと研究を継続できたことは、私の人生にとって何よりありがたいことであった。

写真1－5　帰国して自分の研究室をもって3年ほどたった1990年頃。研究室のメンバーと

　そんなとき、がん研究所の菅野《すがの》晴夫《はるお》先生から声がかかった。すでに亡くなられたが、そのころ日本のがん研究のトップのお一人だった。菅野先生は新しい研究がお好きで、私の研究した熱ショックタンパク質にも大変興味を示していただいた。世界的にもまだ研究者の数は多くない、新しい分野であった。

　ありがたいことに菅野先生から「がん特別研究」で研究班を組織してくれと頼まれた。温熱療法というがんの治療法がある。がん細胞は熱に弱いので、熱をかけてがんを治そうという療法で、当時は大きな脚光を浴びていた。

　その温熱療法の効果を高めるために、大きなネックになっている問題があった。がん細胞も生きた生命体であるから、熱がかかって死にそうになると熱ショックタンパク質を作り出して、身を守ろうとする。熱に対する抵抗性の獲得であり、温熱耐性という。

　温熱療法を有効な治療法にするためには、がん細胞の熱ショックタンパク質合成を阻害してやらなければならない。そのメカニズムを解明し、さらに戦略を開発する研究をして欲しいと頼まれたのだ。私はアメリカから帰国して教授になったばかりのころで、研究資金が不足していた時期でもあり、そのオファーはとてもありがたかった。

　菅野先生はそういう新しい研究分野を応援してくれる人だった。当時、先に述べた「がん特別研究」という国の大きな研究プロジェクトが進行中だった。がん研究を飛躍的に推進するためのプロジェクトではあったが、実際はもっと緩やかで、がんに直接関係しないテーマを持つ人も、研究費を得て研究していた。金額も大きかった。つまり「いい研究をしている」と評価された人には、少々その実際的な目的からはずれていても、きちんとした資金が出してもらえる時代だった。

それは時代が持っていた余裕でもあっただろうが、そういう種を蒔《ま》いておこうというスタンス、おもしろい研究は支援しようという将来を見すえたおおらかさが、がんというまだ完全な治療法のない病気の研究に対する大きな支援になっていたと、私は思っている。

今世紀以降の自然科学系のノーベル賞受賞者の数では、日本はアメリカに次ぐ数を誇っているが、その多くの研究が、この時代を中心になされたものであることには注意を払っておいた方がいいだろう。ある意味おおらかな基礎研究への支援が、日本の研究レベルを飛躍的に引き上げたのである。後にも述べるように、イノベーションという言葉が冠せられるような「役に立つ研究」への研究費配分の過度な偏りは、これからのサイエンスのレベルの低下を引き起こすことが懸念されており、事実論文の引用数など多くの指標で、現在の日本の基礎科学が危機に瀕《ひん》していることが指摘されている。

研究現場は大股で歩け

アメリカから大学に戻った私は、自分の研究室（ラボ）を持つようになったが、これまでの自分の経験から、ラボの方針は決めていた。「おもしろいほう」を選ぶこと、大股《おおまた》で歩くこと、流行を追わず自分だけの分野に取り組むこと、の三つだ。

学生があるデータを提出すると、メンバー全員でそれについてディスカッションを行う。たいてい一つのデータは、さまざまな可能性を示唆している。しかもデータが出された時点では、いくつかの可能性が考えられるうちどれが正しいのかは、まだわからない。

どの可能性から試すか、ラボの方針を決定するときの基準が「どれがいちばんおもしろいか」だ。私のラボの学生は「よくやってるな」より、「おもろいことやってるな」と言われるほうがうれしいようで、学生も私のその言葉を待っている、と言っている。

たとえば最速で論文を書き上げたいなら、もっとも安全確実と予想される可能性から試したらいいだろう。しかし、これでは論文の数は増えても、インパクトの大きな論文にはならないことが多い。パラダイムシフトという言葉がある。これまでの価値観や考え方を根本的に変えてしまうようなものを言うが、そこまではなかなか到達しないまでも、結果が出て、「その結果は予測通り、当然だよね、うん、ご苦労さん」ではおもしろくない。

一方、いちばんおもしろい可能性にチャレンジすると、たいていは失敗する。もっともおもしろいと思えるものは、可能性としては低いのが当然である。

「やっぱりダメだったか。じゃあ仕方がないから、次におもしろそうな可能性を……」と別の可能性を試していくことになる。次の実験もまた失敗し、「では次の可能性を」と試していくわけだが、私のラボでは、同じ取り組むならまずおもしろい可能性から試みるということを徹底してきたように思う。


二つ目の大股で歩くことは、おもしろいほうの可能性に大股の一歩を踏み出すということである。

大きい歩幅で歩くと、どうしても抜ける要素があいだにたくさん出てくる。その抜けている要素も証明しないと、最終的に正しいかどうかの結論は出せない。しかし、その抜けた要素の証明は仮に自分たちがやらなくても、必要ならば誰かやる人が後で出てくるはずだ。大股で歩くことによる危険もあるが、いちばんおもしろい可能性を試すほうが、やりがいがあるじゃないかというのが、私の考え。

あるいは、よくできる学生というのは、よく文献を読み、ある論文に述べられている結論を証明するためには、こんな実験が欠落していると気づいて、それに手をつけようとする場合もある。そういうときも、ある意味で横着な私は、「人のやった実験の後始末をするよりは、とりあえず一回大股で歩いてみろ」などと言ったりする。

緻密《ちみつ》にサイエンスを進めるには、欠落部分を埋めていくこともとても大切なことで、私の言っているのは、科学者の態度として褒められたものではないかもしれない。しかしそれでも、こうやっておもしろい可能性を優先させていく雰囲気、できるだけ大股で歩こうという姿勢が、ラボには必要だと私は思っている。

「大股で……」というのはあまりにもおおまかな表現なので、この頃は「確かな一歩のために、できるだけ遠くを見ろ」と言うことにしている。一歩を踏み出すのに、目の前だけを見るのではなく、遠くのおもしろいものを見ながら確かな一歩を、と求めているつもりだが、これは言うは易く、行うは難しと言わなければならないだろう。

三つ目の「流行の研究を追わない」ことも、はっきりしている。基礎研究においては特に、流行でなく自分たちが本当におもしろいと思うテーマを追うべきだと考えるからである。

その意味で、いま生物学の中で流行《はや》っているオートファジーやアポトーシスについての研究はしないと、研究室では宣言してきた。オートファジーが専門の大隅さんも、流行の研究が性に合わないからと、みずから「いまの時代なら自分はオートファジーには手を出さない」と言っている。しかし、オートファジーなどは生物学の根幹に関わる現象であり、自分たちのやっていることがいつの間にかそれに繋がっていたなどということもあり、私のラボでも一部オートファジーの研究を続けてはいる。

とはいえ、研究費の問題が関係してくることもあり、こういう宣言を純粋に守れるラボばかりでないことも事実だろう。研究費をもらうためには、金まわりのいい分野で、ある程度着々と成果を積んでいくことも必要となる。流行になっている分野を大事にせざるを得ない気持ちも理解できる。いまならたとえば再生医療などの分野に、国がトップダウンで研究費を下ろしてくることも一因である。

しかし実際に研究する立場としては、山中伸弥《やまなかしんや》さん以上にはiPS細胞研究でインパクトのある研究をすることはできないのではないか。山中さんは私の長い間の友人でもあり、彼のサイエンスはもちろん尊敬している。ほかの研究者が集結して、iPS細胞研究を推進し、成果を出すことはもちろん大事なことである。しかし、一人の科学者の人生ということから言うと、すでに確立した分野の枠の中には、できれば組み込まれないような仕事をしたいと思う。

そういうこともあり、私のラボではいつの間にか、自分たちで発見した遺伝子あるいはタンパク質についてだけの研究にシフトしてしまった。自分たちで初めて発見し、名前を付けた新たなタンパク質、遺伝子がすでに10個近くあるが、それらの機能、役割を明らかにするという研究である。この基本スタンスは大切にしてきたことであり、大切にしてゆきたいことだと考えている。

ゼロから始めることで得る喜び

サイエンスでは、「この仕事は○○さんがやったんだ」というように、ある一つの業績をはっきり示せるものが最終的に残っていく。新しい遺伝子を見つけるとか、大隅さんや山中さんのように新しい一つの分野を拓《ひら》いたといったものである。当たり前だが、論文をどれだけ多く書いたかによって名前が残っていくわけではない。

世界中の誰も知らないコトやモノを見つける。それについての情報は当然のことながら、ゼロである。どれくらい大切な役割をもっているのか、あたりなのかはずれなのか、それもわからない。いろいろ試しながら、その機能が徐々に解明されていく過程にこそ、研究の大きな魅力、醍醐味《だいごみ》、喜びがある。私のラボが、新しく見つけた遺伝子やタンパク質で勝負したいと思っているのも、そういう喜びと関係している。

分子シャペロンＨＳＰ47についても、同じだった。

最初、このタンパク質は、狙っていたものとは違ってがっかりしたことはすでに述べたが、この段階でコラーゲンに結合しているということ以外は、性質、働きについてまったくわからなかった。しかし細胞の中に存在していること、しかも進化圧に耐えて生き残ってきたことは確かだ。機能が何もないものはまず残らないので、このＨＳＰ47も何らかの機能を果たしているはずである。

先に述べたように、私たちの研究によって、ＨＳＰ47はコラーゲンが正しい構造を取って細胞外に分泌され、皮膚や骨の成分としてその役割を果たすために、必須のタンパク質であることが明らかになった。ある特定のタンパク質だけをターゲットとして働く分子シャペロンを「基質特異的分子シャペロン」と言うが、私たちは世界で初めて基質特異的分子シャペロンというものがあることを示したことになった。

「わからない」というのは、我々が知らない、というだけだ。実際には何らかの働きがあるはずである。では何をやっているのか。誰にも知られていないなら、自分たちが何とか見つけてやらないと、その機能はわからないままである。「見つけてやらないと可哀想だ」と、まるでわが子を慈しむような思いが湧いてくる。世界でまだ誰も知らないのなら、自分たちでみんなに知らせてやろうじゃないか。これが研究の大きなモチベーション（推進力）となる。

このようなまったく新しいタンパク質の機能の同定は、きわめて効率の悪い仕事にならざるを得ない。それまでの知識、知見はゼロであり、世界でこの分子について研究をしているのは自分たちだけなのだから、すべての作業は自分たちで一つ一つコツコツと詰めていかなければならない。時間がかかる。

論文として発表できるまでの時間も長くかかることになり、どんな重要性があるかも確定的でないことが多いから、勢い科学研究費などの獲得においても不利にならざるを得ない。スマートにすいすいと話題の研究分野で注目を集めたいという人たちには、労多くして成果の見込みの立たない面倒な仕事でもあろうが、それが解明できたときの喜びと、研究者社会での注目のされ方は大きなものがあり、満足感という点では大きな違いがある。こんな喜びが、日々の労働を支えていると言ってもいいだろう。

科学者は楽観主義であれ

これまでの私の研究を振り返ってみても、途中で頓挫《とんざ》し、機能を解明するに至っていないタンパク質や遺伝子がたくさんある。

「科学者と革命家はオプティミスト（楽観主義者）でないとやっていけない」と私は常々言ってきた。ここで「革命家」はまったく関係がないのだが、それはそれとして、やはりサイエンスは、失敗することが前提の分野なのだ。どれだけ失敗を重ねたかによって、その人が科学者としてどれくらい大きくなるかが決まっていく。これには実感がある。失敗にめげてしまう人は、科学者に向かない。

当初の目的と違う結果が出ても、そこから派生するさまざまなおもしろい要素に出会う可能性は十分にある。失敗したからといって、思っていたものと違っていたからといって、それを捨ててしまったのでは、〈予期しないおもしろい現象〉に出会える確率は限りなく低くなる。実験の何ものにも代えられない醍醐味というのは、実は、実験を始める前に期待していた結果を裏切る、〈予期しない結果〉に出くわしたときにこそあるというのが実感である。

コラーゲンは、私たちヒトの体内でもっとも量の多いタンパク質である。皮膚や骨以外でも、さまざまの場で働いており、種類も二十数種類あり、その合成がうまくいかないとさまざまの遺伝病になったり、そもそも発生自体がうまくいかなくなって、胎児のうちに死亡したりもする。HSP47は、私たちの体内に存在する二万数千種類のタンパク質の一つであるが、それがコラーゲンの合成に必須であり、この遺伝子が欠損すると私たちは生まれてくることもできない。

HSP47遺伝子に変異が入ると、骨形成不全症などの遺伝病が起こるということも明らかになってきた。こんな重要な役割を、30年近い研究の歴史の中で、なんとか明らかにすることができたことを、私は、私の仲間たちとともに誇りに思っているのであるが、これは先に述べたように、まさに〈予期しない結果〉から出てきた研究成果であったのである。

基礎研究をする人が、研究すべてを応用可能な地点（役に立つところ）まで持っていく必要はないと、私自身は思っている。私はもともと応用研究にはあまり興味のないほうであった。あくまで基礎研究を長年続けてきたら、それがたまたま応用研究に結びついたということはある。種を蒔いておけば、別の臨床の研究者が「ひょっとして役に立つかもしれない」と思って取り上げてくれることもあるのである。自分としてはそれで十分だとも思う。

基礎研究は、華々しいニュースなどになる機会は少ないが、基礎研究のおもしろさに触れたことのない学生ばかりになることを、本当に恐ろしいことだと思っている。

基礎研究者は役に立たないことをやっていて、税金泥棒に近いのではないかというような極端な見方があるが、応用研究はすべて基礎研究の蓄積の上に成り立つのだという、誰にも否定できない事実を、社会全体が共有する必要がある。

おもしろさを追求できる自由

科学者は「道楽者」だ、と捉《とら》える人がいてもある意味仕方のない職業だとも思う。『道楽科学者列伝——近代西欧科学の原風景』（小山慶太著、中公新書）という本も出版されている。昔は、金持ちが自分の金で、自分の好奇心のためにやるものが科学だった。

しかし現在、金持ちだから科学をやるのでも、金持ちになりたくて科学に従事するのでもない。世間のほかの職業と比べれば、努力のわりに実入りの少ない職業が研究者とも言える。コストパフォーマンスという点では相当に低い。努力が必ずしも大きな成果に結びつくとは限らない世界であると言ってもいいかもしれない。

そういう環境下にあって、科学者に唯一許されている特権こそ、自分が「おもしろい」

と思ったテーマを追求できる自由なのである。自分が楽しいと思って取り組むことの中にこそ、サイエンスの本質があると思っている。自分の好奇心に導かれて、その好奇心に応《こた》えるために実験を組み、新たなアイデアを考える。基礎研究はまさにその繰り返しである。インタレスト・オリエンティッド（interest-oriented）と言われるが、こんなありがたい職業はほかにないことも事実である。

それにはもちろん好奇心そのものが大切であることは言うまでもない。一つの発見ができるかどうかは、運が左右している面も大きい。ただ、パスツールが言うように、「Chance favors the prepared mind（幸運は、心でそれを待ち望んでいる人にしかやってこない）」ということは強調しておかなければならないだろう。運を引き寄せるにも、研究者自身の心構えが大事で、これがすなわち好奇心の強さだと思う。

おまけに、基礎研究が多くの人の興味を引き、応用研究、臨床研究へ繋がる場合がある。自分たちの研究が臨床医療の現場に広がっていく様子を見るのはとてもうれしく、誇らしいことだ。日々の研究がサイエンスの進展に直結していると感じられるからであり、しかも、出発点は我々の発見にある。こんなゴージャスな喜びは、ほかにあまりないだろう。研究者に許された最大の贅沢《ぜいたく》だとも感じる瞬間である。

せっかくそういう自由が追求できる職業なのに、研究費の申請やその評価などに際して、論文の数などの数値目標や説明責任で縛られた場所になってしまうのはとても残念であり、「もっと効率の良い職業に就こう」と若い人が思うようになっても仕方がない側面もある。

驚きと感動をこそ大切にしたい

サイエンスというと一見、ロジック一辺倒の世界だと思われがちだが、感性の大切さという点は強調しておきたい。何よりも驚くということが大切だと、私は思っている。驚きと感動、その二つがサイエンスに興味を持ってもらう第一歩であり、サイエンスを推し進めようとする力の源泉である。

「自然には、あるいは生命にはこんなに不思議なことがあるのだ、こんな不思議から成り立っているんだ」という驚きを体験してしまえば、サイエンスの魅力から離れられなくなる。

たとえば人間一人の細胞の数が約60兆だということは多くの人が知っている。しかし、これでは「すごく多いな」とは思っても、感動には繋がらない。単なる数だからだ。そこで、「もしその60兆の細胞を一列に並べてみたら、どのくらいの距離になると思う?」と質問すると、ほとんどの人は、キョトンとした表情をする。ふだんそんなことを考えることもないだろう。

答えは簡単だ。一個の細胞の直径は約10ミクロンなので、それを60兆倍すればいい。答えは60万キロメートル。この数字を聞いただけでは、何の実感も湧かないかもしれないが、60万キロメートルは地球を15周できる長さ（地球一周は4万キロメートル）だと説明すると、そこで初めて「ええっ！」と驚く。

驚きをもってもらうこと、自分の身体には、地球15周分もの細胞が詰まっているのかと驚くことが、サイエンスに興味を持つ第一のステップである。驚きがともなうことで、数字や知識がリアリティをもって理解される。

私の講義では、「君たちが生まれたその日から、芭蕉《ばしょう》並みに、一日30キロを歩くとしよう。君たちの年齢になるまでに、どのくらい歩けると思う？」と付け加えておく。そうして歩いても、たかだか地球を7周半くらいしかできないのである。「そんな途方もない長さの数の細胞を、君たちは、授業中寝ている間も、ぼおーっとしている間も、誰の助けも借りずに自分だけの力で作ってきたんだぜ、ちょっと凄《すご》いと思わないか？」と言うと、それなりに感動してくれるのがわかる。教師としてはしめしめというところである。

それって本当なのか、と疑ってみる

このエピソードに付け加えてさらにもう一つ、大事なことがある。それは、あたかも常識のように与えられている知識が、必ずしも正しくはないということだ。実は２０１３年に、人間の細胞の数は60兆ではなく37兆である、という論文が発表された――この論文に世界中があっと驚いた。

よく考えてみれば、人間の全部の細胞など数えられるはずがない。仕方がないから一人の平均体重を細胞一個の重さで割る、細胞一個の体積で一人の身体の全体積を割るなどして、非常にアバウトな方法で推論された数字が60兆だったのである。最初は概数として示された60兆という数が、ほかに算定のしようもないまま繰り返されているうちに、次第に誰もがそれに疑問を抱くことを忘れて、信じてしまうようになる。常識というのは得てしてそういうものであることが多い。

それを２０１３年の論文では、過去１００年以上にわたる既出論文に当たり、その中で各組織で細胞数のわかるものを選び、組織ごとの細胞の数を算出した。それらの合計として、37兆という数字を見積もったのだ。

もちろん、まだこの数字が真実として確定されたわけではない。それでも60兆という数よりは、真実に近いと言えるだろう。

　これは、もう一つ大切なことを物語っていると思っている。身体全体の細胞の数が、60兆から37兆になったからといって（現在はさらに30兆だという論文も出ている）、いったい誰が得をするだろうか。誰の、何の役に立つのだろうかということである。37兆ということがわかって、わが社は大いに得をしたとか、儲《もう》かったなどということは皆無であろう。

　しかし、何の役にも立たないけれど、そこに真実の数があれば、あるいはより真実に近い数があれば、それを知りたいと思う、それがまた人間という存在でもあると、私は思っている。役に立たなくとも、真実というものがあるのなら、少しでもそれに近づきたい。ここに人間の本性があり、サイエンスの根幹があると思うのである。基礎研究が大切だと主張する所以《ゆえん》でもある。

　また、現在進行形で動いているものがサイエンスだとも言える。昨日まで正しいと思われていたことが、今日、ひっくり返る可能性もある。だからサイエンスからは目が離せない。一般の人々にそのように思ってもらえることが、サイエンスにとっても必要であり、科学者は日々動いていくサイエンスの現場を人々に知ってもらう、その努力をすべき役割をも一方で持っていると思うのである。

第二章　一番乗りよりも誰もやっていない新しいことを

大隅良典

終戦の年に生まれて、自然の中で

初めにこれまでの私の人生を振り返ってみたい。

私は、1945年、終戦の半年前に福岡市内で生まれ、市街地からは外れた農村地帯で育った。周囲にはまだたくさん自然が残っていて、農家は牛やヤギを飼っていたし、田植えもすべて手作業だった。戦後の食糧難で皆が貧しい時代だった。

父は私が生まれたときには九州大学の工学部の教授職にあった。農家が大家さんの借家生活で、父も畑を作ったり、鶏を飼ったりしていて、ごく普通の生活であった。私は、兄と2人の姉の4人兄弟の末子だ（写真2-1）。

子どもが4人の暮らしは、当時の公務員の給料ではギリギリの生活だったに違いない。

栄養事情も悪くミルクも不足していたこともあって、私は栄養失調で大変虚弱な子だった。そのような中、母は結核性カリエスにかかり、小学校の低学年まで床に伏していた。幸いなことにアメリカで開発されたストレプトマイシンなどの抗生剤が知人のつてで手に入ったおかげで、その後、奇跡的に元気になることができた。子ども心にもストマイだ、パスだ、などと薬の名前を覚えていたが、抗生物質が何なのかを知ったのは、大学院生になってからだった。

もちろんテレビなどない時代で、近くの小川でフナやドジョウを取って遊んだり、季節ごとに野草を摘んだり、また近くの海で貝掘りをしたりした。いつも身近にあった自然が、私の原点だと思う。いまでも自宅の周りや、大学のある横浜市の外れ、すずかけ台《だい》のキャンパスで、散歩をしながらツクシを取ったり、ムカゴや蕗《ふき》の薹《とう》を見つけるのは、私のひそかな特技で、楽しみでもある。

病弱で休みがちの小学生だったから、スポーツなどはダメで、もちろん喧嘩《けんか》などもできなかったが、「勉強のできる子」として、その時代はイジメもなく過ごすことができた。小学校の高学年の頃は、昆虫採集と切手収集に夢中になった。望遠鏡があるわけでもないのに、離れた学校の校庭に集まって星空を眺め、星座を覚えたこともある。6年生のとき、日本で初めての南極観測船、宗谷《そうや》が南極に向かい話題になり、クラスの卒業文集の名前も宗谷だった。

その頃、一番上の兄は東京大学で史学を学んでいて、休みで帰省のたびに私に本を1冊プレゼントしてくれた。兄は終戦の年に政府がつくった広島の科学学級の中学校にいたが、原爆投下の直前に疎開して難を逃れたという。

兄がくれた本の中には、八杉龍一《やすぎりゅういち》の『生きものの歴史』（光文社）、ファラデーの『ロウソクの科学』（岩波文庫）、中学に入ってからは三宅泰雄《みやけやすお》の『空気の発見』（小山書店、現在角川ソフィア文庫）やガモフ全集（白揚社）の数冊など、科学の本も多かった。現在のように美しい本や雑誌などがある時代ではなかったので、これらの本を夢中になって読んだ。いまでもさし絵まで覚えているほどだ。学校で習うこ

写真2－1　1950年頃、兄弟で。左から兄、下の姉、私、上の姉

とのない科学の世界との出会いは大きかった。

中学時代にはロケットや人工衛星に興味を抱き、宇宙に憧《あこが》れた。我が家は母が病弱だったこともあり、当時普及し始めた電気洗濯機をはじめ電化製品を早くから購入して使っていた。科学・技術の進歩で、生活が豊かになることを素直に実感することができる時代であった。私はと言えば、鉱石ラジオを作ったりもしたが、特別、理科少年でもなかったように思う。でも親の期待もあったのか、子どもの頃から将来は科学者になるという漠然とした思いを抱いていた。

高校は、県立の福岡高校に進んだ。化学部に所属して、結構自由に試薬を混ぜるなどして楽しんでいた。いま思えば危険な実験もしていた。

大学は、父がいる九大に行くのは気が進まず、兄がいることもあって東大に行こうと思った。予備校なども盛んな時代でなかったし、「合格しなかったら……」などはまったく考えず、1校だけを受験した。

東大教養学部1、2年のクラスは、いまと違って東京出身者のほとんどが日比谷《ひびや》、西、新宿、戸山《とやま》など都立高校出身で、残りは全国の公立校の出身者だった。あまり勉強をする雰囲気のクラスではなく、受験のうっ憤を晴らすかのように麻雀《マージャン》をしたりアルバイトをしたりして、講義に出ない学生も多かった。私自身も学校の授業はほどほどで、ドストエフスキーやトルストイなどのロシア文学を読みあさるなど、いろいろな本をよく読んだ。

将来化学を専攻しようと思っていたが、期待していた化学の授業は、新しい息吹のようなものを感じることができず、あまり感動を覚えることができなかった。次第に化学に興味を失って、この先どんな分野に進んだら良いのか大いに悩むことになった。

東大には後半2年間の学部・学科を、それまでの成績をもとに志望して決める進学振り分けの制度がある。私は、将来の方向を考えて、基礎科学科を希望した。

基礎科学科は教養学部の先生方が中心になって開設されて2年目の新しい学科だった。基礎科学の全教科を広く学び、その後に専門を決めるという方針で、いまでいえばリベラルアーツ教育の先駆けといえるだろう。大学に入るときに細かく専門が分かれてしまう現在の日本の大学のシステムとは正反対で、私は後述するようにこの方針がとても重要だったと考えている（第四章）。

熱心に勉強したとは言い難く、それまでの成績もそこそこだったので、無事に進学できるかひどく心配だったのを覚えている。基礎科学科に進めたときはほっとした。

分子生物学との出会い

基礎科学科は、新しい教育がなされる学科だったこともあり、意欲的な学生が集まった。50人のクラスの面々は卒業後、大学院では物理、数学、天文、地球物理、それに生物学など様々な分野に進んだ。

同級生には日立製作所でＤＮＡシーケンサーを作った神原秀記《かんばらひでき》くんや、ＲＮＡ研究の草分けとなった渡辺公綱《わたなべきみつな》くんなどがいる。国立天文台長を務めた海部宣男《かいふのりお》さんは１期生である。最近同窓生で集まると、大学や研究機関だけでなく医師や弁護士、起業した者など、その多様さに驚き、改めて良い学科だったと思った。いまは改変され、なくなってしまったのが残念である。

私は将来、分子生物学の領域を研究したいと思うようになっていた。しかし当時は、いまのような優れた教科書も一切なく、分子生物学を標榜《ひょうぼう》する研究室は全国でも数えるほどしかなかったが、教養学部には今堀和友《いまほりかずとも》先生がおられた。今堀先生は日本の分子生物学の草分け的な存在で、当時タンパク質の構造と機能、生合成の仕組みを明かすことを目指されていた。私は強い魅力を感じ、大学院ではぜひ今堀研に行きたいと思った。

大学卒業後、そのまま駒場《こまば》キャンパスに創設された大学院、相関理化学専門課程の１期生になり、望んだ今堀研での大学院生活が始まった。当時助手だった前田《まえだ》章夫《あきお》先生の指導の下、タンパク質の合成がどのように始まるのか、その仕組みを解き明かす、というテーマをもらった。こうして細胞内でタンパク質を合成する装置であるリボソームと向き合う日々が始まった。

分子生物学は、大腸菌という細菌と、そのウイルスであるファージを使って確立された体系である。

タンパク質は生命活動を担う分子であり、どのようなタンパク質を作るかという情報が遺伝子としてDNAに書き記されている。生命の情報は、DNA→RNA→タンパク質、と伝わるというセントラルドグマ（生物学における基本原理のこと）が確立してゆくのを実感できる時代だった。遺伝暗号が大腸菌とヒトとでまったく同じであることに象徴されるように、生命活動の普遍的原理がまさしく分子の言葉で解き明かされていくのにワクワクした。

大腸菌のリボソームを研究し始めたが、大腸菌を研究しているという意識はまったくなく、まさしくセントラルドグマの一つの課題を解いているという意識だった。生命の基本原理を解き明かすことを目指す分子生物学の初期の雰囲気だったのだろう。大した成果は挙げられなかったが、時代の先端の研究に携わっているという自負と、実験の楽しさを感じることができた。

当時は沖縄返還、原子力潜水艦の寄港など社会的な課題に、学生も大変敏感に反応する時代であった。修士2年頃から東大紛争の真っ只中《ただなか》となった。私もその理念に賛同し、実験することもなくデモに明け暮れる日々を過ごした。気がつけば、博士課程1年が過ぎようとしていた。

遅まきながら、博士課程の研究テーマを考えなくてはならない。その頃、大腸菌自身が作る「コリシンE3」というタンパク質に興味を抱いた。コリシンE3は宿主の大腸菌の膜に結合すると、大腸菌のタンパク質合成が瞬時に阻害されるのだ。なぜこのようなことが起きるのか、その機構に興味を持った。コリシンの研究は、野村《のむら》眞康《まさやす》先生が、大阪大学におられたときに前田章夫先生らと始められたテーマだった。

その前田章夫先生が、駒場から創設されたばかりの京都大学理学部生物物理学教室に移られていたので、東大に籍を置いたまま私も京大で研究をさせてもらうことになった。新設の学科でまだ大学院生もいなかったので、結構自由に過ごすことができた。

この学科には、生物の発生学の岡田《おかだ》節人《ときんど》教授、江口《えぐち》吾朗《ごろう》助教授、助手として竹市《たけいち》雅俊《まさとし》先生がおられた。さらに小関治男《おぜきはるお》教授、大西俊一《おおにししゅんいち》教授、寺本英《てらもとえい》教授など錚々《そうそう》たるスタッフがおられた。隣の建物には、「生化学若い研究者の会」で親しくなった大学院生が所属する化学教室の香月《かつき》研があった。「生化学若い研究者の会」はその名の通り大学院生の集まりで、私は毎年のように参加して、全国に多くの友人を得ることになった。

京大では2年過ごしたが、その間に研究室の後輩、中澤萬里子《なかざわまりこ》と結婚した。翌年には長男が生まれ、妻は東京で就職するなど、プライベートでも目まぐるしい変化があった。

学生結婚はいまでは考えられないかもしれないが、当時はそれを受け入れてくれる社会の雰囲気があったように思う。二人の奨学金とアルバイト（予備校講師）でやれると思っていたが、子どもができて結局は親の資金的な援助を仰ぐことになってしまった。

しかし萬里子は決断が早く、生活のためには「働く」と言い出した。当時、三菱化成に民間では珍しく基礎研究を進める生命科学研究所ができたので、彼女は応募することにした。就職活動のときにはちょうど妊娠していておなかが大きかった。最後の社長面接は東京・丸《まる》の内《うち》の三菱の本社に行って、「マタニティで来た方は初めてです」と言われたそうだが、ありがたいことに採用された。

渡米、ニューヨークでの留学生活

当時の研究生活を振り返ってみると辛《つら》いものがある。なかなか思うような結果が得られず、論文も書けず、我ながらいいかげんだったと思う。

とはいえ自分の興味のわく実験をしていたので、将来に対して焦ることはなかった。もちろん私は、家庭教師や塾の講師などをしていたが、萬里子はしっかりと生命科学研究所に勤めていた。子育てでも多大な負担をかけたに違いないが、私はそういうことに鈍感だったと思う。

あまり先々を考えないのは研究者として必要な資質なのかもしれないと勝手に思っている。研究は結果が見えないので、先のことばかり考えていたら不安になるだけだと思うからだが、それが私には許されてきたことにいまさらながら気づいた。

その後、再び東大の今堀先生の研究室に戻った。今堀先生は東大農学部農芸化学科に移られていたので、初めて本郷《ほんごう》のキャンパスに通った。4年あまりかかってなんとか博士号を取ることができた。

博士号を取ったのはいいが、就職先が見つからない。国立研究所の助手に応募したが、最終的に採用には至らなかった。今堀先生に相談すると、「これからは細胞生物学の時代だから、海外にでも行ってきたら。細胞生物学なら、ニューヨークのロックフェラー大学がいい」と言われた。なかでも、抗体分子の構造解析でノーベル賞を受賞したエーデルマンの研究室を薦められた。

写真2－2　ニューヨークで暮らしていた頃の家族。2番目の子どもはまだ生まれたばかり

　手紙を書くと、すぐにきてもいいという返事をもらった。これは当時、エーデルマン研で今堀研の先輩である矢《や》原《はら》一郎《いちろう》氏が大いに活躍しておられたおかげだったに違いない。思い切って家族3人で渡米することにした（写真2－2）。

　出発前には、リンパ球が抗原刺激を受けると、細胞分裂が誘導される仕組みを研究することになっていたが、到着するとまもなくエーデルマンは、「今後はマウスの発生の全過程を研究室のテーマにする」と宣言した。つまり、免疫ではなく、発生を研究室のテーマにするというのだ。私に対しても、受精もある種の細胞分裂の誘導現象だから、マウスの卵の試験管内受精系を立ち上げよ、となった。

系の確立はマウスから卵と精子を取り出して、混ぜるだけでそれほど難しくなかった。それまで大腸菌だけを実験材料にしてきた私には、顕微鏡下で展開される大きな卵細胞の初期発生は神秘的で美しく、魅力的なものに見えた。しかし僅《わず》か十数個の卵細胞と大量培養して何千億個の細胞を相手にする大腸菌とのギャップは大きく、いまのような技術の進歩もまだない中で、一体自分に何ができるかと悶々《もんもん》として、大変苦しい2年間だった。

エーデルマン研の3年目に、幸運にもA・コーンバーグ研（分子生物学者で1959年ノーベル生理学・医学賞を受賞）を出たM・ジャズウィンスキーが研究室に参加した。彼は酵母を使って、DNAの複製がどのように開始されるのか、その仕組みについての研究を始め、私も参加することになった。興味深いテーマであったが、これもまた容易に答えの得られない大きなテーマであった。しかし、不思議なことにこれが私の酵母との出会いであり、その後40年以上の酵母研究を続ける契機となった。

アメリカでの3年目の生活も終わろうとしていたとき、東大理学部植物学教室の安楽泰《あんらくやす》宏《ひろ》先生から、助手としてのオファーが舞い込んだ。安楽先生とはそれまでわずか2回ほど、小さな学会で質問を受けたり、短い会話を交わしただけであったが、今堀先生から私の現状を聞いて声をかけてくださったという。安楽先生の東大薬学部・水野《みずの》傳一《でんいち》教授の研究室でのお仕事はよく知っていたので、またとない機会だと思った。

妻は生命科学研究所を休職して一緒に渡米し、当時は同じ大学のN・ジンダー研で研究員として研究を始めていた。

ニューヨーク滞在中に、次男が生まれた。妻は1か月の休みの後に仕事に復帰していて、研究中の仕事をもう少し区切りがつくまで続けたいという希望があったので、妻と次男を残して、私は長男を連れて日本に戻ることにした。こうして私のニューヨークの留学生活は終わった。

ロックフェラー大学は小さい大学だがノーベル賞学者を多数抱えていて、毎週国内外の一流の研究者の講演があった。私のいた建物には、F・リップマン、G・ブローベル、そしてリソソーム（細胞にある小器官で、細胞内外の成分を分解する役割を担う）の発見者、C・ド・デューブの研究室があったが、その当時自分が将来オートファジー（後述）の研究を進めるとは夢にも思わなかった。夫婦共々それぞれの研究室で研究に関する議論をする機会も少なく、子どもの通うナーサリースクールが、大学以外の人と英語で会話する数少ない機会であった。したがって英語もほとんど上達しなかったのは残念に思っている。

ニューヨークを満喫したかというと、その文化に触れることはあまり多くなかった。とはいえ、大学のアパートがマンハッタンのど真ん中にあったので、歩いて15分ほどのカーネギーホールや、休みの日にはセントラルパークによく出かけた。

いまでも、カーネギーホールに初めて出かけたときのことを覚えている。チケット代は？　どんな服装で行くべきか？　など緊張した。実際は最前列にはタキシードやドレスを着た紳士淑女がいるが、上の階の席はジーンズなどラフな服装の人たちで、チケットも日本よりはるかに安かった。日本よりもコンサートが身近なものだと感じた。まだ1ドルが三百円前後の時代、ニューヨークは豊かだと思った。安全も含めてお金があれば、なんでも手に入る反面、貧乏人には厳しい街だとも感じた。ともあれ、3年間はたくさんの思い出の詰まったときでもあった。

人のやらないことをやろう

東京に戻って所属した安楽研では、大腸菌が外界から細胞膜を介してアミノ酸などの分子を取り込む輸送機構と、輸送を担うタンパク質（トランスポーター）の研究が進められていた。私も大腸菌の研究に戻る覚悟をしていたが、「酵母で研究を進めて良い」と言っていただいて、一人で酵母の研究をスタートすることとなった。

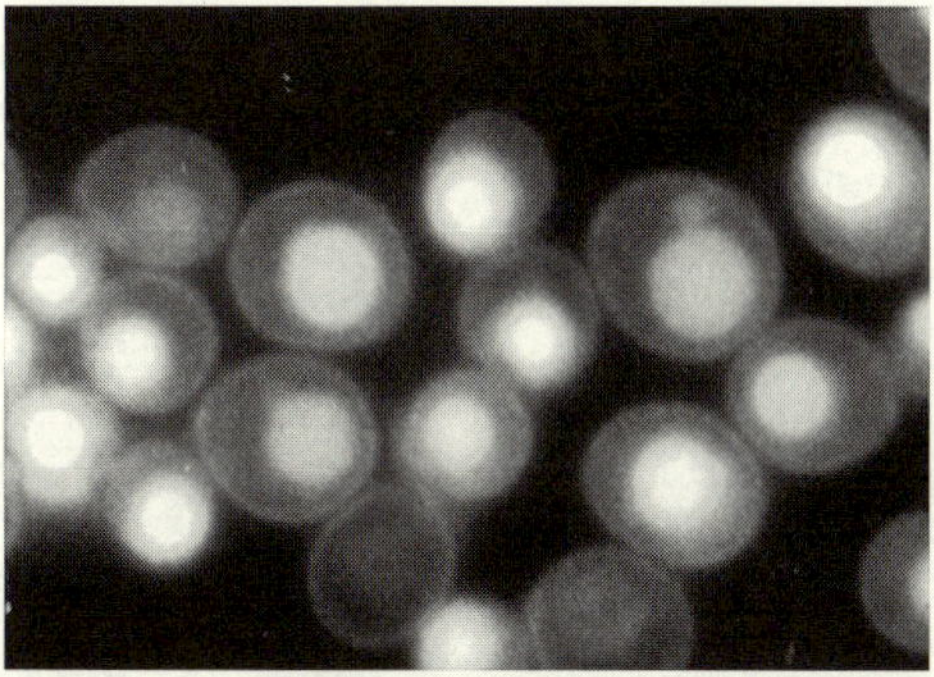

写真２－３　酵母の液胞の様子。明るく光っているところが液胞。細胞内で大きな体積を占めていることがわかる

さて何を始めるかと悩んだ末、酵母の細胞内の小器官である液胞《えきほう》の輸送を研究することに決めた。研究室が取り組んでいる輸送現象に関連する方がいいと考えたからだ。

一方、輸送でも、多くの人が手掛けている細胞膜の輸送ではなく、まだほとんど手がついていない細胞内の膜で囲まれた細胞小器官（オルガネラ）膜である液胞の輸送系を研究してみたいと思った。

液胞を選んだもう一つの遠因は、エーデルマン研で酵母から核を精製していたときの経験である。遠心分離機で分離すると遠心管の最上層に白い層が浮かんでいた。なんだろうと思って顕微鏡を覗《のぞ》いたところ、それは液胞だった（写真２－３）。実に綺麗《きれい》で、こんなに簡単な操作で単離できるオルガネラがあるのか、と強い印象を抱いた。当時、液胞は不活性な細胞小器官で、細胞のゴミためくらいにしか考えられていなかった。多くの人はそれほど関心を持っていなかったが、私はそうは思わなかった。液胞には未知の様々な機能があるに違いないと思えた。植物では、液胞が細胞の体積の90％を占めている。所属したのが理学部の植物学教室だったことも液胞の研究を進める上ではいい環境だった。

私の根底には「人のやらないことをやろう」という思いがある。幼い頃から競争が好きではないので、多くの人が競い合う課題は避けたい。たくさんの人が興味を持ち研究を進めていれば、研究は当然競争になり、誰が一番乗りかが大事になる。自分がやらなくても、いずれ誰かが答えを出すに違いない。一方で、まだ誰もやっていないことは、どんなことであっても新しい発見であり、ずっと楽しい。

研究に対するこのような態度は、その後も一貫していて、私の信条とも言えるかもしれない。こうして、いまも続く、私の液胞研究がスタートした。

私が選んだ液胞の輸送系の研究は、当時酵母で盛んに進められはじめた遺伝学とはかけ離れ、分子生物学にも縁のなさそうな課題で、一体何に興味があるのだろう、と思った人も多かったに違いない。

大量に酵母を培養しては細胞を壊して液胞を取り出し、その膜を精製する。顕微鏡下に大きく見える液胞だが、単離精製される液胞膜は驚くほど少量で、その膜の持つ輸送を測定するためには何十リットルという培養が必要であった。

しかしまもなく、液胞膜に特定のアミノ酸を加えると、アミノ酸が取り込まれて濃縮されることがわかった。つまり、液胞膜が、アミノ酸やカルシウムイオンなどを能動的に輸送する仕組みを持っているということだ。こうして液胞はゴミためなどではなく、積極的に様々な代謝物やイオンの貯蔵機能を果たし、細胞の恒常性維持に大切な役割をもっていることを示すことができた。

液胞内部は、あるアミノ酸などの濃度が細胞質よりも高い。濃度が低い方から高い方へと、逆らって貯めることができるのには、液胞の内部が酸性であることが関わっていることがわかった。以前から液胞の内部は酸性であることが知られていた。この液胞内の酸性化を担う装置が、複雑な構造をしたタンパク質複合体であることを示すことにも成功した（V-type ATPase と呼ばれる）。その後もこのタンパク質複合体は、細胞内の膜系の働きに重要な装置として、いまでも多くの人が研究を続けている。

１９８８年、東大の教養学部の生物学教室の助教授として、独立した小さな研究室を持つことになった。すでに43歳になっていた。

液胞の輸送系やV-type ATPaseについてはまだまだたくさんの課題が残されていたが、新たな場所を得たので、新しい課題にチャレンジするまたとない機会だと思った。ずっと興味を抱いていた、液胞がタンパク質を分解する仕組みについて明らかにしたいと思った。液胞内にはタンパク質などの分解酵素が存在することがわかっていた。だが、なにが、いつどのような機構で液胞内で分解されるかについてはまったくわかっていなかった。

当時、分子生物学の主流は、タンパク質がいつどのようにして造られるか、いわゆる遺伝子「発現」の問題であった。一方、タンパク質の「分解」は、それほど重要な役割を担ってはいないだろうと多くの人が考えていた。タンパク質は自然に壊れてしまうもので、細胞が積極的に壊しているとは考えられていなかった。

考えてみれば安定なシステムは、合成と分解の平衡状態としてのみ成り立っている。これは都市の機能でも、生産現場を考えれば理解できる。古くなって機能が落ちたものや、造る過程で生じた不良品は取り除かねばならない。生体も同じで、合成と分解のバランスによってはじめて正常な機能が維持できるはずである。

オートファジーは、細胞が自分の構成成分をリソソームに運んで分解する機構として、1960年代に見いだされていた。いまでこそ細胞がもつ主要な分解機構として知られるようになったが、私が研究を始めた頃はオートファジーという言葉すら生物学者の間でもほとんど知られていなかった。

こういう話をすると、「分解が重要であることを見破った」などと言われたりするが、まことに居心地が悪い。合成の研究が先にあって、分解の問題が次にくるのは自然で、合成の仕組みがわからないときに、分解を研究しようなどとは決して思わないだろう。

そういう意味で、研究のテーマもまた研究者が置かれた時代を色濃く反映するものだ。私が始めなければ何年か後には、誰かが何かを契機にオートファジーの分子機構の研究を始めただろうと思っている。

間違いなくおもしろい現象に出会った！

さて、液胞が細胞内の分解を担うとすると、どこから手をつけたらいいだろうか。もし、実際に細胞質のタンパク質が液胞内で分解されるのであれば、タンパク質は液胞膜を越えて、液胞内の分解酵素に出会う必要がある。したがって必ず膜現象がからむに違いない。やさしくはないけどおもしろい問題だろうと思った。

大きなヒントになったのは、胞子形成という現象である。酵母は、タンパク質などに必須な元素である窒素源がなくなると増殖をやめて、4つの胞子を形成する。この胞子形成は酵母が示すもっとも劇的な形態の変化だ。

私は以前からその現象に興味を持っていて、その過程に液胞が関わるのではないかと考えていた。胞子形成に必要なタンパク質を合成するためには、外に窒素源がないので自身の細胞質のタンパク質を分解して、胞子形成に必要なタンパク質を合成しているに違いないと考えた。

そこでまず胞子が形成される初期過程の液胞に注目して顕微鏡をのぞいてみたが、目立った変化は見られなかった。それなら分解を止めればいいのではないか？　そう考え、液胞のタンパク質分解酵素を欠いた変異株を使ってみることにした。幸いなことにアメリカの酵母遺伝学者E・W・ジョーンズが、液胞のタンパク質分解酵素の変異した細胞をカリフォルニア大学にある酵母遺伝学保存センター（YGSC）に寄託していた。

さっそく手紙を送って、液胞のタンパク質分解酵素を欠いた変異株を手に入れた。その酵母を飢餓にして、顕微鏡で観察してみた。すると飢餓の数時間後にすべての細胞の液胞内で、小さな球形の構造が激しく動き回るのが見えたのだ。間違いなくおもしろい現象に出会ったと直感した。

当時私が持っていたごく普通の倍率の顕微鏡で気づくことができたのは、まさしく動いていたからである。動いている様はおもしろくて、何時間見ても見飽きることはなかった。この発見が、まさしくその後の三十数年を決めた瞬間であった。

細胞質が高濃度のタンパク質を含んでいるのに対し、液胞は内部に何ら構造を持たないし、タンパク質の分解酵素が存在する以外、ほぼ水溶液である。中に入ったものは光学顕微鏡で容易に検出することができることを日頃の観察から知っていたことが、この発見に役立ったのだろう。私が当時持っていた実験機器は、ごくごく基本的なものだけだった。

やったこと自体も、非常にシンプルなことだったが、発見は往々にして最新鋭の装置がなくとも可能であり、誰もが気づかないところに潜んでいるものだと思う。

直ちに酵母の電子顕微鏡解析をしていた馬場《ばば》美鈴《みすず》さんと電子顕微鏡観察を開始した。細胞の中で何が起こっているのかを知りたかったからである。馬場さんによる世界一美しい

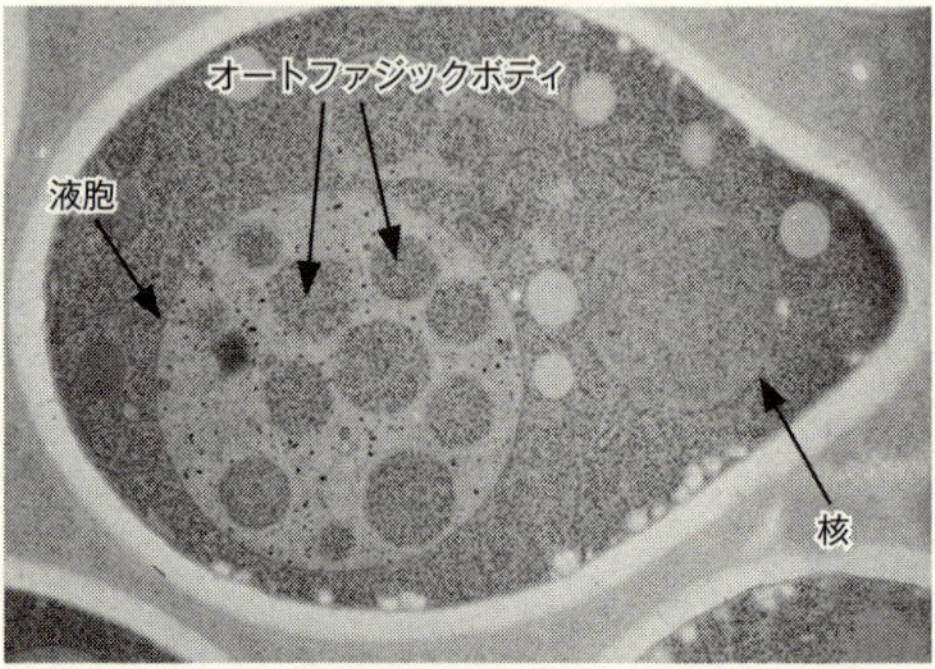

写真２－４　主要な液胞内タンパク質分解酵素を欠損した細胞の、飢餓３時間後の電子顕微鏡像（撮影馬場美鈴氏）

といっても過言ではない酵母の電顕技術で、世界で初めて酵母が飢餓下に引き起こす過程の全容を示すことができた（写真２－４）。

酵母は増殖に必要な栄養源がない培地にさらされ飢餓状態となると、細胞内では、液胞の近くで細胞質の一部を取り囲むように膜の袋が伸びだして、結果として閉じた二重膜構造、オートファゴソームができる。オートファゴソームはその外膜が液胞膜と融合すると内膜で囲まれた部分（オートファジックボディと命名）が液胞内に放出される（図２－１）。

つまり酵母は自分の細胞質の一部を膜で取り囲んで隔離して、それを液胞に運ぶ仕組みを持っていることがわかった。この細胞質分解機構は液胞がリソソームに比べると大きいということ以外は、膜現象としては、哺乳類《ほにゅうるい》の細胞で知られていたオートファジーと同じであった。本来オートファジックボディの膜と中の細胞質成分は、

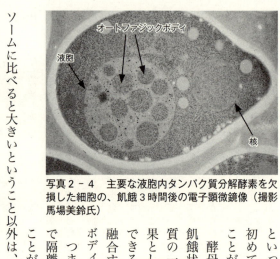

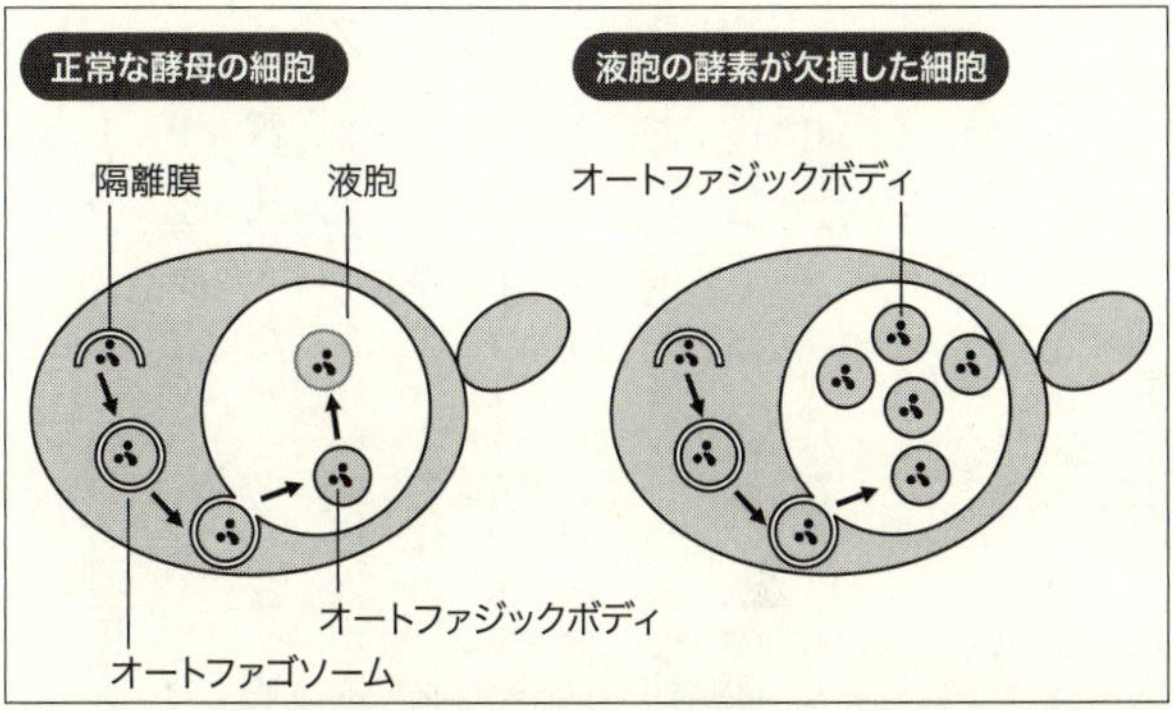

図2－1　正常（左）と液胞内分解酵素を欠いた酵母細胞（右）でのオートファジーの様子。飢餓状態になると、細胞は膜が伸びだして細胞質の一部を取り囲み、閉じたオートファゴソームが作られる。その外膜が液胞膜と融合して、中の膜構造が液胞内に放出される。正常細胞では直ちに分解されるが、分解酵素がない細胞では蓄積する

液胞の分解酵素によって直ちに分解されてアミノ酸となり、それが再び細胞質に戻ってリサイクルされているのだ。

この細胞自身による分解現象はオートファジー、日本語では自食作用と呼ばれている。1960年代には哺乳類で発見されたが、関わる遺伝子やその分子機構などは、長い間まったく知られていなかった。遺伝学的な解析が可能な酵母でオートファジーが発見されたのは画期的なことだった。

この現象を捉えたのは独立して2か月目くらいだったが、最初の論文を公表するのに雑誌の編集者とのやりとりに時間がかかってしまい、1992年にやっと掲載することができた。

オートファジーに関わる遺伝子を特定

分子生物学者であれば、この現象に関わる遺伝子、さらにその遺伝子から作られるタンパク質を知りたいと考える。その方法として考えられるのは遺伝的解析、すなわちオートファジーができない変異株を取ることだ。遺伝学の醍醐味はたくさんの変異の中から目的とする変異を選択する作業、スクリーニングである。しかしオートファジーができない酵母が、どのような性質を示すかはわからない。

そこで、酵母のオートファジーの進行が、光学顕微鏡で観察できるという点に着目した。そのことを指標に、一つ一つ細胞を培養しては調べていった。非常に根気のいる仕事だ。やり遂げてくれたのは、私の研究室に初めて参加した大学院生の塚田《つかだ》美樹《みき》さんである。彼女の頑張りで、世界で初めてオートファジーができない変異株（*apg1* と命名、のちに *atg1*）を取ることに成功した。

しかしオートファジーという複雑な現象にたった一つの遺伝子だけが関わっているはずはない。*atg1* 変異細胞は、栄養が十分な培地で増殖するときは目立った性質は示さなかった。しかし飢餓に晒《さら》されると、２日目頃から死んでいくことがわかった。

そこで、この理由がオートファジー不能の性質だと仮定し、飢餓下に死にやすい細胞の中からオートファジー不能の株を取ることにした。こうして一気にオートファジーに少なくとも15個の遺伝子が関わることを示すことに成功した。

このときの研究成果を記した短い論文は１９９３年に「FEBS Letters」という雑誌に発表した。当時はあまり注目されることもなかったが、いまではオートファジー研究の始まりを告げた価値ある論文の一つとして認められている。その後の研究から酵母のオートファジーの進行には*ATG1*、*ATG2*、……と名付けた18個の遺伝子が関わり、それらの遺伝子から作られるタンパク質（Atg1、Atg2、……）によって担われていることがわかった。

酵母では遺伝子を大文字の斜体（イタリック）３文字のアルファベットと、アラビア数字（x）で表し、その機能不全の潜性の遺伝子は小文字で表記する。オートファジー関連遺伝子は*ATGx*、その遺伝子から作られるタンパク質はAtgxと書く。なお、xにはアラビア数字が入る。

最初に取れた*ATG1*遺伝子の働きを調べるという選択もあったが、オートファジーに関わる遺伝子を網羅的に取ることに挑戦した。そのスクリーニングが優れていて、オートファジーに必要な遺伝子の変異株の大半を取ることができた。これがその後の複雑なオートファジーの機構を解明するうえで、大きな意味を持っていた。

ちなみにこの遺伝子の名前だが、私たちは*APG*とつけたが、海外のいくつかのグループが別の名前をつけたことで、混乱を避けるために、２００３年に*ATG*で統一された。そのほとんどが*APG*に含まれていたので、私たちがつけた遺伝子番号が尊重され、我々にとっては*APG*を*ATG*に読み替えればいいことになった。

変異株が取れれば、次は変異を起こしている遺伝子を特定（クローニング）することが必要である。具体的にはオートファジーができない変異株に、外から様々な正常な遺伝子を入れ、その中からオートファジーができるようになる細胞を選ぶ。こうすることでどの遺伝子が関わっているかを知ることができる。

クローニングできたら次は、その塩基配列を決定する。その結果、その遺伝子から何個のアミノ酸が、どのような配列をもつタンパク質が作られるかを知ることができる。

しかし当時の、大学院生やポスドクの少ない小さな研究室では、全部の遺伝子を同定するのに定年までかかりそうだと思った。よりよい研究環境に移りたいと思った。ある大学の公募に応募して、ほぼ決まったという連絡をもらったが、最終的には採用に至らなかった。

その直後に、基礎生物学研究所の教授の公募があり、採用されることになった。

基礎生物学研究所は愛知県岡崎《おかざき》市にある国立研究所で、それまでに何度か訪れたことがあったが、憧れを抱くような素晴らしい研究環境であった。私はすでに51歳だったし、オートファジー研究でもまだ目覚ましい成果が見えていたわけではなかったので、教授として迎えることについては、人事委員会でも厳しい議論があったに違いない。私には非常に大切な仕事をしているという思いがあったが、それが人事委員会にも伝わったのかもしれない。

こうして新しい研究室がスタートすることとなった。

次々に明らかになる事実で世界を独走

当時の研究所長は東大駒場の生物学教室、放送大学でお世話になった毛利《もうり》秀雄《ひでお》先生であった。ありがたいことに所長から、「早く助教授、助手2人、技官1人のスタッフを採用して研究をスタートしなさい」という助言をいただいた。研究室の単位が小さくなったいまの時代の大学ではあり得ない陣容だろう。

私は研究所では植物のグループに属していたが、オートファジーの研究は哺乳類で長い歴史がある。私は哺乳動物の仕組みも同時に進めたいと思い、関西医科大学で動物細胞の膜輸送の研究を進めていた吉森保《よしもりたもつ》氏を助教授に迎えることにした。酵母を研究する野田健《のだたけ》司《し》氏、鎌田芳彰《かまだよしあき》氏を助手、壁谷幸子《かべやゆきこ》さんを技官とする、フルスタッフの研究室が立ち上がった。加えて駒場から大学院生2人などが加わり、総勢9名での研究室のスタートだった。2年目には東京医科歯科大学で日本学術振興会の特別研究員であった水島昇《みずしまのぼる》氏が加わり、その後ポスドク、助手として大きな貢献をしてくれた（写真2－5）。

その後も徐々にさまざまな大学から大学院生が参加して、酵母を中心にしながら、哺乳類、植物の三つの系でオートファジー研究を展開するという世界にも類のない研究室となった。全国から優秀な人がポスドクとして参加し、それぞれの研究の発展に大きく貢献をしてくれた。

東大教養学部では、オートファジーができない変異株を取得してそれを手掛かりに、オートファジーの分子レベルでの仕組みを解き明かす研究がスタートしたが、それは基礎生物学研究所で一気に加速した。

遺伝子の単離（クローニング）に関しては、西東京科学大学（現帝京科学大学）にいた妻、萬里子の研究室の学生たちのがんばりで、予想よりも順調に進んだ。ATG遺伝子の解析も、幸い酵母の全ゲノム配列が決定されたり、DNA配列決定技術の進歩などに支えられて、比較的短期間で明らかにすることができた。

こうしてオートファジーの進行に必須な18個のATG遺伝子と、それから作られるAtgタンパク質の実体がわかったのだ。

写真2－5　1998年撮影。岡崎の基礎生物学研究所のメンバー

驚くべきことに、18個のATG遺伝子の大半が、機能が未知の、未《いま》だ名前がつけられていない遺伝子群だった。酵母ではそれまで世界中でさまざまな角度から遺伝学的解析が進められていて、未知の遺伝子は全体の2～3割であった。一つの生理機能に関わる多数の遺伝子が未知のまま残されていたことは驚くべきことだった。

さらに研究を進めると、これらのAtgタンパク質はすべて、オートファジーに特有のオートファゴソームという膜構造を作る現象に関わっていることがわかった。各々のタンパク質は単独ではなく、複合体として機能していたために解析が難しかったが、それらが6つの機能を持つグループ（機能単位という）を構成していることがわかった。たとえば、オートファジーを誘導するグループ、オートファゴソームの膜を作るときに脂質を伸ばすグループなどだ。しかもそれらのグループは順序だって働くこともわかった。

その中には興味深いことに、細胞内のもう一つの分解系として重要な「ユビキチン経路」（2004年にノーベル化学賞受賞）という機構に似た反応が2つも含まれているというエキサイティングな発見もあった。

こうして、Atgタンパク質の6つの機能単位が液胞近くに集まっては膜形成を担うというモデルを示すことができた。

さらに、長年北海道大学におられた稲垣冬彦《いながきふゆひこ》氏、微生物化学研究所を経て北海道大学に戻られた野田展生《のだのぶお》氏との共同研究によって、Atgタンパク質の立体構造の解明も行った。近年、タンパク質の立体構造は、タンパク質の機能を理解するのに必須であり、この点でも大きく進展した。

このようにさまざまな手法によって、酵母のATG遺伝子の解析が行われ、オートファジーの分子機構の理解が飛躍的に進んだ。

酵母でオートファジーに関わるATG遺伝子が同定されたことは、酵母での分子機構の理解が進んだだけにとどまらず、大きなインパクトを持っていた。

基礎生物学研究所は動物、植物など様々な生物を研究する研究室がある。その利点を生かして、私の研究室でも、水島氏、吉森氏が動物細胞のオートファジー研究を、大学院生とポスドクが高等植物のオートファジー研究を開始していた。

さて、酵母で見いだされたATG遺伝子だが、高等動植物にも同じ働きをする遺伝子があるのだろうか。酵母の遺伝子と似た遺伝子（相同遺伝子）があるかどうかを、DNA配列から調べることができる。調べてみると、相同遺伝子が見つかったのだ。つまり、酵母のATG遺伝子に対応する一群の遺伝子が、マウスやヒト、植物にも存在し、それらがオートファジーに関わっていることがわかった。このことは、オートファジーという機能が、進化の過程で核を持つ真核細胞の出現の初期に獲得された、古い起源を持っていることを示している。

まさしくこの時期、オートファジー研究で世界をリードする独走状態であったと思う。

現代ではある生命現象を理解する上で関わっている遺伝子が同定されることは決定的な意味を持っている。遺伝子がわかれば、遺伝子操作技術を使って、その遺伝子を壊した、いわゆるノックアウトマウスや遺伝子破壊植物を作ることができる。そうすることで、酵母の不能変異株のように、高等動植物でオートファジーがどんな生理機能に関わっているかを調べることができる。実際、初めてのATGノックアウトマウスが、久《く》万《ま》氏、水島氏らによってつくられ、オートファジーがマウスの出産後の生存に必須であることが初めて明らかにされた。

さらにATG遺伝子が作るタンパク質を手掛かりにすると、それまで電子顕微鏡なしには検出できなかったオートファジーの進行を実時間（リアルタイム）で顕微鏡観察することが可能になった。

このように、オートファジーの研究の様子は大きく変化した。世界中で様々な生物種、細胞、組織、さらには個体でATG遺伝子を手掛かりに、オートファジーの研究がスタートし、現在までもオートファジー研究は、図に示されるように拡大の一途を辿《たど》っている。私が研究を開始した時は世界中で20報ほどが報告される分野であったが、昨年は1万報に

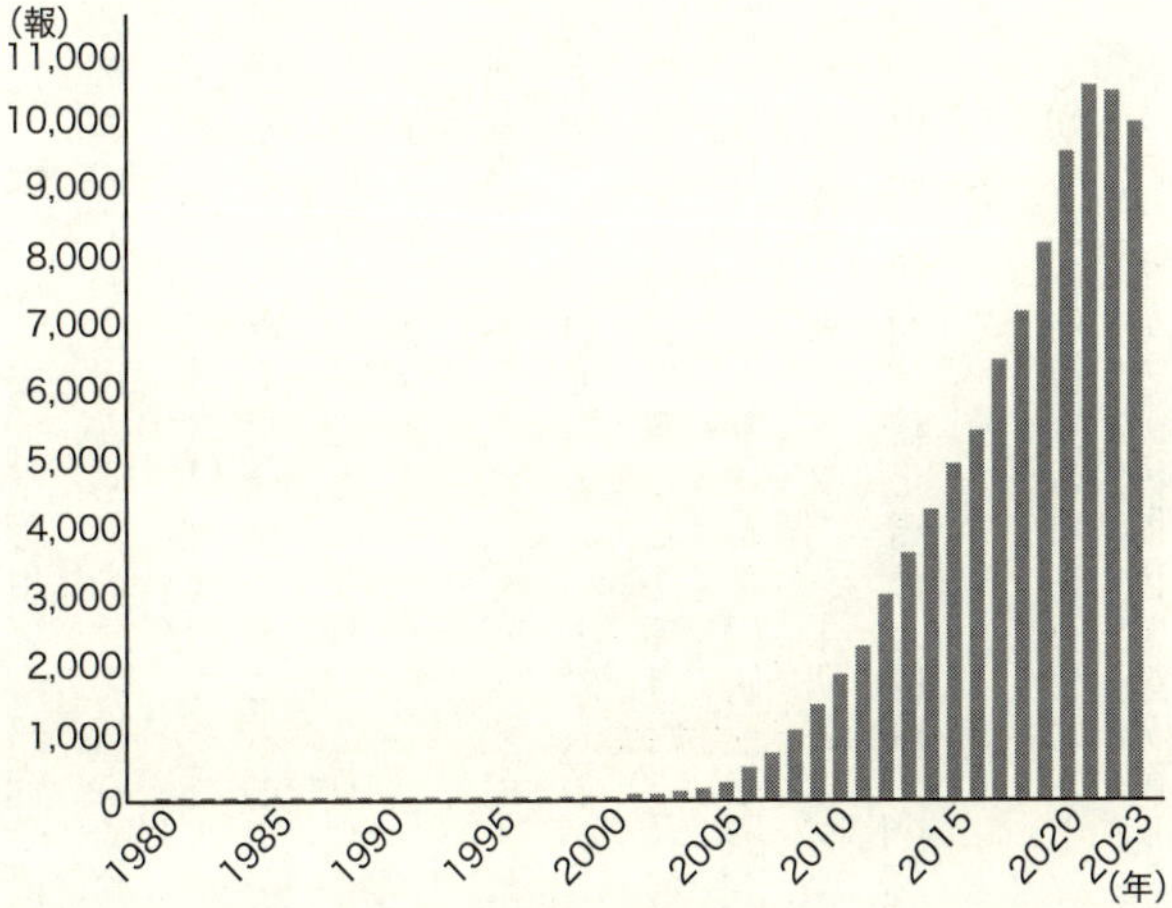

図２－２　オートファジーに関する論文数

達する論文が発表される一大領域となった。我々の酵母の研究が、オートファジー研究の展開に大きな貢献をすることとなった（図２－２）。

私たちの研究の進展は広く認められ、科学研究費補助金の中でもっとも高額な特別推進研究にも採択された。そのおかげで、定年が近くなり通常であれば大学院生の参画が望めない中、優秀な博士研究員が加わってくれたことで、研究を進めることができた。

このように実り多き基礎生物学研究所であったが、２回目の特別推進研究の期間も残り３年となり、その先を考えるようになった。仮に定年まで基礎生物学研究所にいると、その後、たとえどこかに移れたとしても研究室の立ち上げからしなくてはならず、研究の展開は難しい。岡崎での単身赴任も13年となり、家族と暮らしたいという思いも膨らんでいた。

するとまったく幸運なことに、定年を待たずに、東工大から声をかけられた。特任教授として招聘《しょうへい》されることになり、２００９年４月から、横浜市郊外のすずかけ台キャンパスに移ることになった。

研究室のスペースは広く、大変恵まれた研究環境である。さらにうれしいことに基礎生物学研究所の研究室メンバーの大半が、一緒に移動してくれた。みんなの協力でごく短期間で研究を再開することができた。私の研究室を出た人は、それぞれの場所で、酵母、動物、植物のオートファジーの研究を展開するようになった。

現在では、オートファジー研究は、癌の抑制や神経変性疾患などの様々な病気の治療、食事制限、絶食療法と寿命と健康の問題など、その応用に世界から大きな関心が寄せられるようになっている。

しかし私の研究室は現在も、オートファジーの未解決の問題を酵母で解くことを目標に解析を続けている。液胞内での分解過程の詳細な理解はもちろん、分解の最終産物も特定したい。最終産物が細胞の代謝に与える影響を調べることで、分解の生理的な意義を明らかにできると考えている。今なお、生理学的な研究の楽しさと難しさを味わいながら、あと1、2年で自分の研究の集大成にしたいと願っている。

写真2－6　2016年ノーベル生理学・医学賞受賞の様子

3年あれば、という思いからスタートした東工大での研究は、3度目の特別推進研究、および基盤研究（S）という大型の科学研究費を得て、はや15年を過ごすことになった。東工大に移る頃から、朝日賞やガードナー国際賞など、様々な賞をいただくことになり、2016年にはノーベル賞までも受賞することになった（写真2－6）。恵まれた研究環境を与えてくれた東工大に恩返しができたかなという思いがある。

考えてみると、私は東京大学教養学部の基礎科学科、京大生物物理学教室など、創設されたばかりで伝統も何もないところを歩いてきたことに気づく。もちろん東大植物学教室は古い伝統を誇る学科だが、とても民主的で権威主義的な雰囲気とは無縁だった。東工大でも細胞制御工学研究センターとして、細胞生物学の拠点を立ち上げることとなった。小さなセンターだが大変居心地の良い恵まれた研究環境ができつつあると思っている。

その折々にベストを尽くす

こうして自分の研究者人生を振り返ってみると綿密な計画性もなく、ただただ自然体で進んできたことを痛感する。

確かにいくつかの節目があって、あのときに違った選択をしていれば、その後の人生がどうなっていたかと思う場面がいくつもある。自分で決められることもあったが、相手があって、如何《いかん》ともし難いこともあった。一見、そのときは残念だと思ったことも、実は良かったと思うこともある。すべてが約束されていない偶然の積み重ねが人生であり、その折々にベストを尽くせばいいのではないかと私は思う。

所属した大学や研究所でいろいろな先生方や同僚に恵まれ、以後の人生に大きな財産となった。何にもまして私にとって最大の幸運は、いつも素晴らしい人たちに巡り合ったことだ。

これまでに私の研究室には100人ほどのスタッフ、ポスドク、大学院生、技術員、秘書、他大学の学生たちが参加してくれた。研究室にはそれぞれ独特の雰囲気があると思っているが、私の研究室は一貫して、トラブルもなく皆協力的で、かつ研究が大好きで、真《しん》摯《し》に科学と向き合う人たちの集団であった。それは私の最大の誇りである。

彼らは、現在、日本全国に散らばって、それぞれに活躍してくれている。研究活動が、まさしく社会的なもので、人間の営みの一つだと改めて強く思う。

これが自分の半世紀の研究人生の足取りである。その中で感じたこと、考えたことについては、第四章以降で話を進めたい。

第Ⅱ部
効率化し 高速化した現代で

あらゆる分野で、それまでのやり方が見直され、無駄がそぎ落とされ、効率化し、高速化した。研究の世界も例外ではない。たしかに無駄なことは減ったのかもしれない。ではそれで日本の科学は世界をリードしているのかといえば、否であることは様々な統計から明らかになっている。一体なぜなのか？　現代の社会と科学の問題点を探っていく。

第三章　待つことが苦手になった私たち

永田和宏

知るために費やす時間

多くの人々は、サイエンスは「学校で習うものだ」という意識を漠然と持っているだろう。学校で習って、それを活用するのは、試験など学校という場においてだけというのが、多くの人々の実感なのかもしれない。

知識としては確かに知っているにもかかわらず、知っていることが日常の場にフィードバックしてこないのが、教科書の知識である。ほとんどの人にとって、教科書で習ったことは本棚に収めておくべき知識で、生活の中で引き出される対象ではないようだ。

たとえば、肌の張りを保つ効果のあるとされるコラーゲンのエピソードは、科学の知識が生活に密着していないことを如実に示している。

摂取したコラーゲンは必ず、肉などのほかのタンパク質と同様に胃や腸でアミノ酸やペプチドという物質に分解されて吸収される。食べ物としてタンパク質を取るのは、身体に必要な新たなタンパク質を合成する材料としてのアミノ酸が必要だからである。すべてのタンパク質は、遺伝情報に従って、アミノ酸を一個一個繋げることによって、合成される。

したがってコラーゲンを飲んだり食べたりしても、摂取したコラーゲンがそのまま肌や骨に含まれるコラーゲンに置き換わることには決してならないのである。私たちの肌や骨のコラーゲンは、摂取したアミノ酸を使って、一つ一つ自前の細胞で作りだす以外にない。

これは中学校でも習う生物学の基礎知識だが、その知識は、日常生活に還元されていないと言わざるを得ないだろう。教科書の知識は理解し、納得しているにもかかわらず、それを自分の生活に落とし込むことができない。巷《ちまた》には、コラーゲンのサプリメントを飲んでお肌を若返らせよう、といった広告があふれている。

サイエンスは本来、日常生活の「なんで？」という疑問から発達してきた世界だ。だからこそサイエンスの知識は、日常生活の中で確認され、「ああ、そういうことだったんだ」

と思い出されるべきなのである。ところが実際は、学校で習った知識は日常生活の中で思い出されることもなく、本棚にしまいこまれたまま眠ってしまっていることの方が多いのではないだろうか。

知識を得るのは、学校だけでなく、いまやインターネットからという場合も多いだろう。言葉の意味だけではなく、複雑な疑問であっても、キーワードをいくつか入れることで瞬時に答えを出してくれる。検索の精度は加速度的に上がっている。

いまの学生たちはインターネットにアクセスすることで、知りたいことの多くを、即座に得ているように見える。会話をしながらでも、平気でウィキペディアで検索をしているような学生も多い。一義的にはそれで「知る」ことはできるだろう。しかしそれは果たして「わかった」ことになるのだろうか。

私は、なにかを知るため、理解するために費やす時間が、その長さが大切だと思っている。知りたいことがあって、すぐにわからなければ、その疑問はずっと頭の片隅に残っている。こびりついている。わからない間、もしかしたらこうではないか、ああではないか、と想像力が働く。これが答えだと思って確かめるとまた違う。そうすると再び、こうではないか、ああではないか、と想像する……この飽くなきプロセスによってこそ、想像力が養われていく。

インターネットはすぐに答えを得られるので便利な反面、「なんでかな」「こうではないかな」と思って疑問を抱え込み、自らそれなりに考えてみるという時間を少なくしている。これでは想像力が働く場面がない。

この、すぐに答えが返ってくるという時間感覚は、人々にどんな影響を及ぼすだろうか。興味というのは、わからないことから湧いてくるものだ。最初からすべてわかっていたら、それは知識の対象にはなるだろうが、興味を持つ対象にはならないだろう。「わからない」部分があるからこそ、「知りたい」という欲求が湧くのである。「わからない」という時間にどれだけ耐えられるか、その耐えている時間こそが、〈知へのリスペクト（尊敬）〉を醸成する時間なのである。

どれくらい自分の中で問いや疑問を維持し続けられるか。この「わからない時間」に耐え、しかもそれを楽しむという習慣を、私たちはもっと大切にすべきだし、若い読者はぜひいまから心しておいて欲しいと思う。

非効率な時間が興味を膨らませる

知りたいことがあまりに早くわかってしまうと、知りたいと思うこと自体に魅力が感じられなくなる。「知りたい」と思いながら周りの人に訊《き》いても、誰もが「わからない」と答え、自分は「どうしてだろう」と思い続ける、そういう時間は却《かえ》って心を豊かにしてくれる。

新聞の連載小説のことを思い浮かべる。私は現在、毎日四つの新聞を読んでいるが、そこに連載されている新聞小説もまた、十数年間ずっと欠かさずに読んでいる。なかなかおもしろくてやめられない。

不思議なもので、連載が単行本化されて書籍の形になったものを読むときと、新聞小説の形で読むときとでは、まったく違った体験となる。

これもやはり、「知りたい」と思いながら待つ時間の大切さに関係しているだろう。「次はどう展開するんだろう」と期待を持たせて一日分のストーリーを終わらせる。読むこちら側は、展開をあれこれ思いめぐらしながら、翌日の新聞を待つ。そして次の日「やっぱりこうなるのか」と納得したり、「ほう、こう来たか」と意外に思ったりしながら、また続きが気になる……。何かがやってくるのを楽しみに待つ時間というのはいいものだ。

私の少年時代は、不思議だと思ったことがあったとき、どうしてもその疑問を抱えている時間が長くなりがちだった。大人もすぐには教えてくれないし、調べるにも本が少なく、もちろんインターネットもなかった。

せっかく「どうしてだろう?」と疑問を持っても、すぐに答えが見つからないままにそのままにしてしまったり、そのうちに忘れてしまうものもあっただろう。でも中にはずっと抱え込んだままになっていて、あるとき「そういうことだったのか!」とはっと気づいたりすることもある。

研究者になってからもそういう状態は続いていた。いまの学生たちには想像もつかないかもしれないが、大学の図書館に行けば海外の雑誌がすべて読めるわけではなかった。

生命科学の分野に限っても、月に何百冊も雑誌が刊行されていて、さまざまな論文が載っている。私の時代には、毎週図書館に送られてくる「カレント・コンテンツ（Current Contents）」という小冊子があり、これを頼りに必要な論文を取り寄せていた。「カレント・コンテンツ」は、論文のタイトル、著者名と著者の住所だけが載っている冊子で、内容については知ることができない。タイトルから内容を想像する以外ない。おもしろそうだと思ったら、その著者のもとに別刷り請求というはがきを送って別刷りを送ってもらうのである。自分の論文が出ると、どのくらいの数の別刷り請求が来るかは、大きな楽しみだった。論文の注目度をはかる目安でもあっただろうか。

はがきは海外でもおそらく1週間ほどで届き、その返事として、希望の論文が船便で送られてくる。1か月ほど、ときには2か月もかかって論文を入手することがあった。その間、「あの論文にはどういうことが書かれているのだろう」などと想像したり予想したりしながら待つ。そして、海を渡ってようやく手元に届いた論文を読む。

中には届く頃には興味が失《う》せてしまい読まない論文もあった。いまからみれば非効率以外の何物でもないだろう。ところがその非効率的な時間が、「知りたい」という欲求を育てる、興味や好奇心を膨らませる大切な役割を果たしていたのだと思う。

「思いがけない」が失われている

自分が取り組んでいる研究に関係した論文を「カレント・コンテンツ」のタイトルの中から探していくなかで、タイトルを順番に読みながら、自分の研究とは直接関係がないのだが、「なんだかおもしろそうだな」という論文に出会うことがある。「犬も歩けば棒に当たる」のようなものである。とはいえ、これは歩いていないとぶつからない。

いまは格段に効率が良くなり、自分の欲しい論文はすぐ手に入る。インターネットでキーワード検索すれば即座に出て、ダウンロードもすぐにできる。便利だが、逆にキーワードに関係しない情報はほとんど入ってこないシステムだ。

これは、私たちが普段読んでいる本についてもいえる。たとえばAmazonは便利で、私も時々使ってしまうが、私の息子は「あれは本屋を潰《つぶ》す」と言って、Amazonを使わず必ず本屋に行っている。たしかに本屋に行くと、背表紙を眺めているだけで思いがけない本があることに気づき、予定になくても買ってしまうことがあるが、ネット書店ではそういうことはほとんど起きない。

是枝裕和《これえだひろかず》さんはいまやもっともよく知られた映画監督だが、彼は昔、私のエッセイ集『もうすぐ夏至だ』（白水社）を本屋で見つけて、装幀《そうてい》とタイトルに魅《ひ》かれて買ってくれたそうだ。それまで私のことをまったく知らなかったが、いわゆる「ジャケ買い」だったのだという。ところが買って読んだらおもしろかったということで、新聞やテレビで紹介してくれた。それをきっかけに、彼との交友が始まった。

特に求めていない情報にも接することで、思いがけない機会が与えられることがある。こうした機会が、科学者の世界でも一般社会においても失われようとしている。

物事をシステマティックにし、無駄を排して、効率化を極限まで進めているのが現代の社会だ。そんないまだからこそ改めて、目的に一直線に行かず、周囲を見まわしたり、寄り道をすることによる思いがけない出会いにも目を向けて欲しい。

特にＡＩが発達したからか、インターネットの検索サイトでは、こちらの興味のある情報やニュース、あるいは新刊本の紹介などを、過去の履歴から類推して、どんどん送りつけてくるようになった。こちらも興味のある情報が多いわけで、ついそれに引き込まれもするのだが、この頃は、私の過去に出版した著書の紹介まで送られてくるようになり、初めは苦笑いしていたのだが、これは実は怖いことではないかと少しずつ思うようになってきた。

私たちが、自ら探したいと思っている情報が、実は操作されている可能性があるのかもしれないということが一つ。

いまはもちろん過去の履歴などからの情報の提供ではあろうが、そんな形での情報だろうと思って、それらを重宝していたら、いつの間にか、情報提供者の操作する情報にどっぷりはまってしまっていて、こちらの興味そのものが操作されていたなんて、ＳＦまがいのことも決してあり得ないことではないだろう。自分でそれに気づいていないということろがいちばん怖い。いわゆる「言論統制」といったかつての恐怖とある意味では隣り合わせの世界でもあろう。

それほど悪質でなくとも、もう一つ注意すべきは、自分の興味を忖度《そんたく》して、優先的に送られてくる情報にばかり接することによって、自分の世界がどんどん閉じていく危険性である。一つの世界にとことん詳しくなることも大切ではあるが、一つの世界だけに閉じこもってしまう危険性に注意深くあることもまた大切である。

私たちのようなサイエンスに関わっている人間は、自分の研究の対象だけにしか興味を示さない研究者も多い。誰も、自分の研究対象がいちばんおもしろいと思っているから研究を続けられるのであるが、研究では、どんなに優秀な研究者であっても、必ず行き詰まりというものを経験する。行き詰まったときに、どのようにその状況を打開して、袋小路から抜け出せるかは、複眼的な世界の見方を常に維持していること以外に方法がないのである。

乗り遅れ症候群

情報の提供側のシステムがどんどん進化し、テクノロジーが発達して、必要な情報がすぐ手に入る。情報が向こうからやってきてくれる。これはありがたいことである。何より必要な情報にたどり着くまでの時間が飛躍的に短くなり、研究においても日常生活においても、すべてが効率化されているのを実感する。

そんな現在の情報社会に生きている私たちが、どこかで「乗り遅れる」ことに対する恐怖を醸成しているということはないだろうか。私は勝手に「乗り遅れ症候群」と呼んでいるが、誰もがすばやく情報を得ることができるようになったがために、それに一人アクセスしていないという乗り遅れ感というものが表面化しているようにも思うのだ。

たとえば本の売れ方を考えてみると、このところのベストセラーの出方はちょっと異常ではないかと思うことが多い。

私が最初にそれを思ったのは、永六輔《えいろくすけ》による岩波新書『大往生』が、２００万部を超えるベストセラーになったときだった。あるいはその少し前の、俵万智《たわらまち》の歌集『サラダ記念日』（河出書房新社）のときだったかもしれない。何万部売れるなどということは、別に珍しいことではないが、２００万という数字は、いかにも人工的な数字でしかない。２００万人が自発的に読みたいと思って買ったというより、多分に、何万部売れている、何十刷を重ねているといった宣伝を見ての、集中的な買い方だろう。

この頃は特に、出たばかりの本に、発売たちまち何刷などといった景気のいい宣伝文句が使われるようになった。これは宣伝としては当然の戦略ではあろうが、それを受けとるほうのメンタルを危惧するのである。

何万部売れたという情報が最初に広告に出ることで、「流行に乗り遅れないように」という恐怖から「すぐ読まなくては」という方向へ意識が短絡するのである。

本そのもの、著者その人への興味から買うというより、「売れているらしい」という情報を鵜呑《うの》みにし、自分だけ取り残されたくない、という気持ちから、話題の本に集中する。まさに宣伝、広告がその本来の役割を果たしていると言えばその通りだが、怖いのは、買って読む、読んで満足を得ることよりも、「乗り遅れては大変だ」という意識そのものであるように私には思われる。取り敢《あ》えず読んだということが、充足感のすべてになってしまっているようなことはないか。

「これはおもしろい」とほんとうに自分が思っているのか、といつも自問自答することはとても大切だ。自分では「興味がある」「おもしろい」と思っていても、実はおもしろいと思わされていることがあるのだ。自分の考え方や行動は無意識のうちに、否応《いやおう》なく社会からの影響を受けるものである。

いまの学生たちを見ていると、「みんなが話題にするからこれを知らなければならない。知らないと話題から取り残される」と、取り残されることをとても恐れているように見える。一種の同調圧力であろう。圧力を感じる前に、先取りをして話題に飛びついていくというところが実態だろうか。

私は樹木希林《ききりん》という俳優が好きだった。特に是枝裕和さんの「歩いても　歩いても」をはじめとする一連の家族をテーマにした映画における、樹木さんの存在感は抜群であり、亡くなってすぐに出版された『一切なりゆき』（文春新書）はすぐに読んでみたいと思ったものだ。

ところが、発売されて3か月で100万部を突破などという広告が各紙に載るようになり、私にはちょっと意固地なところがあって、それじゃあいまは読むのをやめておこう、となってしまった。どうも流行に乗るというのが嫌いなのである。いつかは読もうと思っているが、たぶんみんなが忘れた頃になるのだろう。

与えられる知から、欲する知へ

これまで、黙っていても向こうからやってくる情報や〈知〉にどのように対応すればばいいのかについて話してきた。アクセスすればするほど情報は増えていく。膨大な情報の中で、自分は何が「知りたい」のか、その基準を明確に持っていないと、情報の海に溺《おぼ》れることになってしまう。情報を選別する意識を持つことが必要である。

向こうからやってくる〈知〉ということを考えるとき、そのそもそもの出会いは、学校教育であるに違いない。小学校へ入学したときから、授業という形で〈知〉は一方的に〈教えられる〉ものとして押し寄せてくる。好むと好まざるとにかかわらず、向こうからやってくる〈知〉をなんとか処理しなくては、成績にもかかわるし、卒業もできないということになり、この段階で〈知〉は、常に与えられるものとして位置づけられてしまうというのが、これまでの学校教育の現場であった。

２０１２年に中央教育審議会の答申に「アクティブ・ラーニング」という言葉が登場し、次のように記している。

従来のような知識の伝達・注入を中心とした授業から、教員と学生が意思疎通を図りつつ、一緒になって切磋琢磨し、相互に刺激を与えながら知的に成長する場を創り、学生が主体的に問題を発見し解を見いだしていく能動的学修（アクティブ・ラーニング）への転換が必要である。

「知識の伝達・注入を中心とした授業」から「学生が主体的に問題を発見し解を見いだしていく能動的学修（アクティブ・ラーニング）への転換」を説いたものであり、本来は大学教育における必要性を強く意識したものであったようだが、現在は多くの高校で、また中学でも取り入れられているようである。

学修者（生徒、学生）が望んでいようと、望んでいまいとにかかわりなく、必要なことはどんどん教えていくという、〈知〉の一方的な流れ（押しつけ）への反省から出てきた動きである。これ自体は、どのように運営されていくかの方法論を別にすれば、歓迎すべき動きだと思っている。

知りたいと思う以前に、教えられる量だけが増えていけば、知ることが重荷になっていく。知らないことを知る、というのは知的好奇心が刺激され、本来は楽しいことのはずだ。しかし教え込まれた知識を自分の中にどんどんため込み、かつ試験のときにそれを上手《うま》く発揮しなければならない、というプレッシャーでがんじがらめになってしまえば、〈知〉というものへの興味そのものが失われ、〈知へのリスペクト〉が低下するのは当然のことである。

〈知〉というものは、先人が営々と築いてきたものだ。そういった大切なものを、我々がそんなに簡単に、右から左へ物を動かすようにもらっていいはずがない。にもかかわらず、〈知〉があまりにも安易に与えられ過ぎている。ネットの普及もあり、〈知〉はその辺に転がっているものだ、といった認識のされ方をするようになれば、それは怖いことだ。

私は「与えられる知」から「欲する知」への転換が必要だと思っている。たしかに小学校や中学校では基礎的な知を与えることも必要だろう。しかし少なくとも大学では「欲する知」への転換をドラスティックに（果敢に）行うべきなのである。「欲する知」というのは、自分で知りたいと望むこと、すなわち問いを発することにほかならない。私は大学では学習よりは学問をして欲しいと言ってきたが、学問とは読んで字のごとく、「学んで、問うこと」、すなわち問うということの大切さ以外のものはないはずである。

問うことが身につけばどうなるか。知りたいことを自ら知ろうとするから、さまざまな文献にあたったり、先達に話を聞く。その中で、ネット検索することもあるだろう。さまざまな情報に接することで、確からしい情報と怪しい情報を選別する力がついてくる。これは一朝一夕にできるものではないし、ゴールがあるわけでもない。その大前提が、「なぜだろう」と問う力なのである。

〈知へのリスペクト〉

ところで、本を読むことと、インターネットの情報に触れることの間には大きな隔たりがあると、私は思っている。情報に向かうときのこちらのスタンスである。インターネットの情報に向き合うとき、対象を「尊敬する」という気はなかなか起きない。感嘆することも稀《まれ》だろう。

たとえばインターネット上のフリー百科事典「ウィキペディア」は、確かに情報として整備されているところがあり、私も使うことが多い。ただウィキペディアを情報として読んでいて、ウィキペディアを尊敬する気にはなかなかならないだろう。ウィキペディアは情報の集積であり、その集積のなかで自分に必要なものを拾ってくるという意識は持っても、その知識を与えてくれた人を意識し、その人によって与えられた〈知〉への感謝や尊敬の念を持つことはまずないだろう。

知識は人と結びついていると私は思う。結びついていると思いたいというのが正直なところ。「これはAさんの言ったことだ」「これはBさんが考えたことだ」というように、著者とセットで知識を受け取る。このことによって、著者へのリスペクトが生まれる。しかしネットは情報がただで手に入る。とてもありがたい反面、著者を意識することも稀だ。こうした事情は、社会全体の、〈知〉に対するリスペクトを小さくしてしまった。特に人文系の〈知〉に対するその意識の低下は甚だしい。

ネットが普及し、本を買ったり新聞を読んだりする必要がない、という人も多い。出版不況はもう20年以上にも及ぶ。単に情報がただで手に入るからわざわざ本を買わない、ということだけでなく、〈知へのリスペクト〉の低下も大きく関係していると思う。

現代の子どもたちは、本格的に本を読む前に、スマホに触れている。私はそういった幼い子どもたちが、インターネットを情報や〈知〉の提供源と最初から思っていることを危惧するものである。対価を払わず情報に接することで、強い興味や〈知へのリスペクト〉を持てなくなるからだ。

先程も述べたが、最近は人文知へのリスペクトの低下を痛感する。人文知が理系の〈知〉と同じように大切なことはいうまでもない。

基本にあるのは、自分にない〈知〉をどこで手に入れるか、ということだ。理系の〈知〉でも人文系の〈知〉でも、その〈知〉に接することで自分がどれだけ変われるかということが大切だ。知ることで見えることがあるし、気づくことがあるだろう。それは、なにか変化をもたらしてくれる。人にとって、特に若者たちにとって大切なのは、そういう自分と違うものに接する機会にバリアを張らないことだ。

以前に出版した『知の体力』（新潮新書）でも述べたことだが、本を読むということのいちばんの意味は、本に書かれている情報を得るということではないと私は考えている。本を読んで、新しいことを知る。これは知った内容に意味があるのではなくて、これまではこんなことも知らなかったのかという発見が大切なのである。「こんなことも知らなかった自分を知る、これが本を読むことの最大の意味だ」（『知の体力』）と私は思っている。そんな〈無知な〉自分に気がつかないと、世界は自分中心にまわる以外はない。他を知ることによって自己の位置を測りなおす以外に、自己を相対化する方法はないのである。こうした作業の中でこそ、〈無知な〉自分を知ることで、〈知へのリスペクト〉も生まれるのである。

〈知へのリスペクト〉が失われたためか、研究者が近視眼的になっていると感じることが多い。自分の専門については漏れなく知識を持っているものの、専門外のことに興味を持たないのだ。人文の話や社会の話題などを持ち出しても、会話にならない理系の研究者は多くいる。

一方で文系の研究者にも科学全般への苦手意識があり、社会で理系の〈知〉が優位に扱われる現状に対して強く反発できないところがあるようだ。

その根底にあるのは、文系の〈知〉は「役に立たない」という固定観念ではないか。「役に立つ」とは、何か便利になる技術、何億円もの儲けを生み出すシーズ（種）を言うのだろうか。

植物の名前を一つ、星座の名前を一つ知っているだけで世界は豊かになる。歌を一首知っているとまた彩りが増す。世の中の見え方が違ってきて、日々の生活に潤いがもたらされる。日々の生活の豊かさ、世界の見え方の余裕こそ、すぐに「役に立つ」ことにも増して、我々が限られた〈生の時間〉を生きていく上で、より大切ではないかと私は考えている。

〈知〉といえば理系の〈知〉であり、役に立つ研究こそを進めるべきという傾向には、繰り返し警鐘を鳴らしておく必要がある。

プリンストン高等研究所の初代所長エイブラハム・フレクスナーと22年6月まで所長を務めたロベルト・ダイクラーフが、学問や研究の意義について書いた共著の本がある。その本のタイトルは、ずばり『「役に立たない」科学が役に立つ』(東京大学出版会)。世界の「知」の拠点ともなった高等研究所であるが、まったく何もないところからそれを作り出したフレクスナーは、「科学の歴史を通して、後に人類にとって有益だと判明する真に重大な発見のほとんどは、有用性を追う人々ではなく、単に自らの好奇心を満たそうとした人々によってなされた」と言っている。プリンストン高等研究所の基本理念と言ってもいいものだろう。

フレクスナーは、続けて言う。

「百年あるいは二百年という単位で見れば、専門的教育機関がそれぞれの分野に対しておこなう貢献は、明日の実務的な技術者や弁護士や医師を育てることではなく、むしろ、厳密に実務的な目的を追求する中にあっても、膨大な量の一見役に立ちそうにない活動をつづけていくところにあるのだ。こうした役に立たない活動から発見が生まれる可能性があり、それはその教育機関に課された実務的な目的を果たすことよりも、人間の心と精神にとってはるかに重要なことであるだろう。」

プロセスにこそ喜びはある

少し前に、求めている論文が船便で送られてくる話を書いた。船便を1か月待って読む場合も、瞬時に検索してダウンロードして読む場合も、どちらも自分が探し求めたものを読む、という点では同じだが、読むときのこちらの身の入れ方・心構えは大きく異なる。

船便の時代、私自身、情報をとり逃していたケースは非常に多かっただろう。「カレント・コンテンツ」は、世界の論文情報を網羅できるわけではないし、私自身の見落としもあったと思う。

そうした漏れが原因で、せっかく一生懸命やった実験が、実は外国の誰かによってすでに行われていたという経験もある。なんとも言葉にしがたい、徒労感あふれる経験だ。

しかし、いま思えば、そういった徒労感や無駄を含めたものがサイエンスなのである。効率化だけを求めることが大切ではないのだ。もちろん、無駄をなくし、情報をできる限り網羅していく姿勢は必要だ。とはいえ、逆に情報過多になることで、やりたいと思う研究の規模がどんどん小さくなっていくことには、危うさを感じざるを得ない。

「このことはわかっている」「これも誰かが研究している」「わかっていないのはどれだっけ？」と、ちょっとした隙間を見つけるようなテーマの選び方に傾いていくとするなら、それはサイエンスの喜び、醍醐味からもっとも遠い選択となるだろう。ああでもない、こうでもないと、考えられる限りの試行錯誤を繰り返していくそのプロセスの中にこそサイエンスの喜びはあるのであり、それを欠いた結果は、いかにいい結果を得ても自分で成し遂げたという達成感からは遠いものとならざるを得ない。

寺田《てらだ》寅彦《とらひこ》は明治の人であるが、当代随一の物理学者であるとともに、一流の文筆家としても知られていた。夏目《なつめ》漱石《そうせき》の『吾輩は猫である』に登場する〈寒月《かんげつ》〉君のモデルということにもなっているが、文筆にすぐれ、多くの随筆集を残している（写真3－1）。

彼のエッセイの中に「科学者とあたま」（『寺田寅彦全集』第八巻、岩波書店）という一篇がある。

「科学者になるには『あたま』がよくなくてはいけない。」「しかし、一方でまた『科学者はあたまが悪くなくてはいけない』という命題も、ある意味ではやはり本当である。」という刺激的な書き出しで始まり、なぜそう言えるのかをいくつかの例を示しながら考察している。どれもおもしろいのだが、いくつか書き抜いてみると……。

いわゆる頭のいい人は、言わば足の早い旅人のようなものである。人より先に人のまだ行かない所へ行き着くこともできる代わりに、途中の道ばたあるいはちょっとしたわき道にある肝心なものを見落とす恐れがある。頭の悪い人足ののろい人がずっとあとからおくれて来てわけもなくそのだいじな宝物を拾って行く場合がある。

写真３－１　玉川上水畔の桜並木下での昼食風景。左手前が寺田（写真提供　理化学研究所）

頭のいい人は見通しがきくだけに、あらゆる道筋の前途の難関が見渡される。少なくも自分でそういう気がする。そのためにややもすると前進する勇気を阻喪《そそう》しやすい。頭の悪い人は前途に霧がかかっているためにかえって楽観的である。そうして難関に出会っても存外どうにかしてそれを切り抜けて行く。

頭の悪い人は、頭のいい人が考えて、はじめからだめにきまっているような試みを、一生懸命につづけている。やっと、それがだめとわかるころには、しかしたいてい何かしらだめでない他のものの糸口を取り上げている。そうしてそれは、そのはじめからだめな試みをあえてしなかった人には決して手に触れる機会のないような糸口である場合も少なくない。

まだまだおもしろい記述があるのだが、この辺りにしておこう。寺田寅彦の言うように、最新の研究状況をよく調べ、研究されていない隙間を見つけ、それについて短期間で上手に論文にまとめることができる研究者は現にいる。ところがそういうテーマは、論文にはなるが、なかなか次に発展しない。最終的に、世界各国の研究者が参照したくなる研究にはなりにくいともいえる。

隙間を埋めて論文が一本書ける能力と、オリジナリティを発揮する能力とは違うのである。

とはいえ、やむを得ないところもある。背景には、隙間を見つけて論文を量産せざるを得ない状況が生まれているからだ。研究者の世界も、結果を出さないと生きていけない。大学院を修了したポスドクと呼ばれる若手研究者たちは、職を得るのが難しい状況にある。いまは大学で助教になっても有期雇用であり、たとえば5年で成果を出さなければ次の居場所は見つけられない場合も多い。成果は、論文が何本ジャーナルに載った、何回引用された、書籍を出した、などで換算されがちである。短期間で何らかの成果を出さなければならないということが、大きな発見に繋がる成果に逆比例するのは、当然の帰結である。

パラダイムを示してくれる人との出会い

序章でも述べたが、私は、サイエンスの最大の喜びはディスカッション、議論にあると思っている。特に教授になり、自分では試験管を持って実験ができなくなった私のような立場の人間には、学生や院生たちとの議論の時間だけが、サイエンスに関わっていると実感できる唯一の時間である。

議論とは何だろう。議論が成立するということは、私とあなたとは考えが違っているということが、その前提としてあるはずである。あなたと私が同じことを考えていたのでは、そもそも議論が成り立たない。あるいは、議論をしていく中で、私は他の人とは違うことを考えているのだということを自覚するプロセスなのだと言ってもいい。

ところが、自分が人とは違っているということを認めることを怖れているのが、いまの多くの若者なのではないかと、かなり独断的に私は思っている。人と同じであれば、友人と同じであれば安心していられるが、自分一人がその他おおぜいの友人たちと違ったことを考えているという居心地の悪さに耐えられないという風に感じられる。

いきおい、相手と自分が互いに疎外感を味わうことのない話題に、友人間の会話が限定されることになる。

「相手が興味を持っていないことは話題にしてはいけない」という自己規制が、おもしろいと思っていても、それを「おもしろい」と言えない社会の雰囲気、空気感に影響しているように感じる。

いまの学生たちに議論する空気が失われているのも、彼らが物を考えていないのではなく、「相手と違う考え方を際立たせ、相手をやり込めたり、議論したりするのは恰好《かっこう》悪いことだ」という自己規制が働いているからではないだろうか。自分の興味ではなく相手の興味を重視・尊重しなければいけない、という一種の同調圧力だ。

こうした自己規制や同調圧力から自由になれる関係が、本来の友人関係だろう。友人の話を聞かないという意味ではなく、無駄な遠慮をする必要もなく、自分が「おもしろい」と思うことについて腹を割って話せる相手が、本当に得たい友人ではないだろうか。

私は、自分にない物の見方や考え方を持っている友人が、本当に大切な友人だと思っている。友人とは、自分には見えていないもの、自分のパラダイムにない見方や考え方を示してくれるような人のことだ。

本来何かを知ったり、物を読んだりするのも、自分にないものを求めてのことだろう。私が他人の歌や文章を読んでおもしろいと感じるのは、「私はそんなこと、これまで考えたこともなかった。同じものを見てこんな感じ方ができるのか」と思わせてくれるときである。

「感性の方程式」は一人ひとり違う。自分が持つ「感性の方程式」以外の方程式に触れることで、自分の凝り固まった感性に少しだけ揺らぎがもたらされる。こんな見方や感じ方をしている人間がいるのかと思うだけで、自分の小さな世界が少し広がった気がするのである。

素晴らしき「ヘンな奴ら」

「よいお友だちを持ちましょう」とは親や教師の口からいやというほど聞かされてきた言葉だが、「よいお友だち」の「よい」とはどういう意味なのだろう。「自分を高めてくれ

写真３－２　大阪大学「走る教授の会」の吉森さん

る」とか「コネをもたらしてくれる」とか、つまり友人でさえ「役に立つ／立たない」という観点で判断された結果としての「よい」であるように思えてならない。

私は「ヘンな奴」を友人に持つほうがはるかにおもしろいと思っている。「ヘンな奴」とはすなわち、自分にはないものを持っている奴ということでもある。

ヘンな人が私は好きでこの人の教授室にはアヒルが五〇〇

永田和宏（『某月某日』本阿弥書店）

という歌を作ったことがあった。「ヘンな人」とは、大隅良典さんの研究室で助教授として一緒にオートファジーの研究をし、現在は大阪大学名誉教授の吉森保さんである。彼の大学院生時代から私は知っているが、相当に「ヘンな人」である。もちろん私の言う「ヘンな人」は褒め言葉である。

　吉森さんは、自分の顔がアヒルに似ていると感じたときから、彼の実験器具やノートにアヒルマークを描き、おまけにアヒルグッズを集め始めた。たいていは風呂に浮かべるような、ゴム製の小さなアヒルである。それが友人たちにも知られるようになり、国内だけでなく、海外の友人たちからも事あるごとにアヒルのプレゼントを贈られるようになった。私も、スイスだったかどこかの、ホテルの風呂に浮かべてあった小さなアヒルを持って帰り、彼にプレゼントしたことがあった。おかげで「この人の教授室にはアヒルが五〇〇」というわけである。

写真３－３　「家鴨正宗」３種

　吉森さんは走るのが好きで、いまは特に

トレイルランに凝っているらしいが、おもしろいのは、大阪大学で「走る教授会」、通称「ハシキョー」という同好会まで作ってしまったこと（写真3－2）。そんな仲間と月に何度か走っているようだ。

さらにおもしろいのは、この「ハシキョー」のメンバーが企画して、ハシキョー特製の日本酒を造ってしまったことだ。四国の酒屋に依頼して、純米吟醸、純米山廃《やまはい》、純米大吟醸と、3種類の酒を造ったのである。そんな企画を実現させてしまった行動力には、オオッと驚いたものだが、その酒の名前を聞いて笑いが止まらなかった。その名はなんと「家鴨《あひる》正宗」！

おまけに3種類のラベルも自分たちでデザインし、そのそれぞれのラベルに、私の先の歌を印刷してしまったのである（写真3－3）。これにも大笑い。

その印税！として、それぞれの酒を2本ずつもらうことになった。しかし、あんまり旨《うま》かったのと、こんな大真面目な悪戯《いたずら》に大いに共感したので、10万円分も買ってしまった！　こちらも馬鹿みたいだが、夜な夜な楽しく飲ませてもらった。

こんな悪戯に近いような企画を、何人もの大人が、そして科学者が本気になってやってしまう。ばかばかしくも、素晴らしいことだと私は思っている。こんな余裕が、いまのサイエンスの現場から失われていってしまっていることを残念に思うのである。

科学の世界でも、基本的には人間関係が大切だ。「科学に携わったことでこんなにおもしろい人間に出会えた」という実感が、研究者を続けてきた私の一つの大きな喜びになっている。

世界的に著名な研究者でも「この人も自分と同じなのではないか」と思える一瞬があるし、「自分にないこんな世界をこの人は持っていたんだ」と気づくこともある。国内だけでなく国外にも同じように長くつき合っている友人がいて、年に何回か世界中のどこかの学会で彼らに会えることは大きな刺激となっている。

第四章　安全志向の殻を破る

大隅良典

好きなことができていい？

世の中の人が抱いている研究者のイメージは、大半の時間を研究室にこもって、四六時中、実験や理論のことを考えながらストイックな生活をしている――こんな感じだろうか。これは確かに研究者のある一面を表してはいるが、いまの時代にそのような浮き世ばなれをした生活が送れる人は、たとえ本人が望んだとしても、ほとんど存在しない。

近代以前は、科学は貴族や、貴族がパトロンとなった人、僧侶《そうりょ》などによって担われていた。たしかに直接、生産活動に携わるわけではないので、科学者という職業は、ある意味で経済的に余裕のある社会で初めて成り立つのだろう。

ヨーロッパでは大学が古い歴史を持っているが、科学者が職業として認知されたのは16

世紀頃からで、日本ではもっとずっと後、明治も半ばになってからである。近代国家となるためには科学（技術）が必要だと考えられるようになり、国の発展（富国強兵）にも重要だと認識されるようになった。

以来、日本の自然科学は主に国の主導で、国立大学を中心に進められてきた。現在は世界的にも多くの国で、科学は国家の主導で進められている。

科学も人間活動の一つなので、当然のことながら科学者のあり方も、政治的、経済的、社会的な状況に依存しながら変化している。かつては、「末は博士か大臣か」という言葉に表れているように、科学者は志高く憧れの存在でもあった。現代では、科学に携わる人の数は飛躍的に増加し、科学に携わる人のあり方も多様化している。

明治生まれの私の父の頃は、大学教授は世事に疎くても生きていられる時代だったようだ。私の助手時代に、海外の学会などで「君は○○先生と同じ教室にいるのか」と言われるような評価の高い業績で知られる先生がおられた。その先生は夕方5時になると研究室でお酒を飲み始められる。我々が科研費の申請に必要な書類を必死でコピーしていると、「ああ、今日が締め切りでしたか、私は今年も出しませんでした」と言われたのを思い出す。こんな仙人みたいな先生も私は大学には必要だと思っている。

研究者は何が楽しい？

サイエンスの魅力とは何だろうか。その一つは、世界で誰も知らない世界を、自分だけが目にしている、理解できたという喜びだろう。しかし、研究にはこのような興奮を覚えるような瞬間がいつも訪れるわけではない。むしろ実験をしてみると思いどおりにならないことが大半である。

失敗することの方がはるかに多い。手順を間違ったり、計算間違いをするといったつまらないミスもあるが、そういったものを除けば、実は研究にはある意味で失敗はないと思っている。うまくいかなかった原因を考え、次の実験を考える。思った通りの結果だけを望むのではなく、得られた結果についていろいろと考えを巡らすことができることが研究者に必要な資質だと思う。小さな工夫がいい結果に繋がるというプロセスの繰り返しを楽しむ粘り強さが大切だと思う。

学生、大学院生時代に、自分で得られた結果に思わず興奮し、これをやらなければ、あれもやりたいと思うことが次々に浮かんで、寝る間も惜しいと思えるような体験をして欲しい。こうした体験を通じて、研究はおもしろいと実感することが、その後の研究者としての長い道のりを支えてくれる大きな財産になると思うからである。

私は、予《あらかじ》めこの答えはこうに違いないというきちんとした仮説を立ててからでないと実験ができないタイプではない。いつまでにこれを明らかにする、といった目標を掲げたりもしない。

私はある現象に出会って「おもしろい！　どうしてだろう？　なぜだろう」という興味だけで十分に研究を続けることができる。その意味では現象にべったり派である。

オートファジーの研究についても、「こういう原理で成り立っているに違いない」という仮説が最初にあったわけではない。なぜ、どんな機構でこんな不思議な現象が起こるのか、という思いをずっと持ち続け、いまも日々、まだわからないことがたくさんあるなという気持ちで研究をしている。

仮説を立てて理詰めできっちりやる研究者もいるが、皆が皆そうある必要はないだろう。私は、自分がおもしろい、解き明かしたいと思う課題があれば、いつもその原点に立ち返ることができる。自分が納得できるまで興味が持続する、そんなスタイルの研究者がいてもいいと思っている。そもそも生物学の研究は一つ解けると次々に新たな疑問が生まれるものだ。

こうしてみてくると、やっぱり研究者というのは、自分の興味に従ってとことん突き詰めることができる数少ない職業だと思う。うまくいって事業化できて大金持ちになるとか、大きな栄誉を得たいとかも考えることはない。

研究とお金

このようにいい職業であるはずの研究者だが、最近では科学の世界においても短期間での成果が求められ、「おもしろいからやる」ということが難しくなってきた。私の学生時代の理学部は、「役に立たないことをやるから尊いのだ」ということを臆面《おくめん》もなく言えた。

いま、大学人はそんなことを口にするのも憚《はばか》られる。困ったことに若い世代に「先生、国費で役に立たないことをやってもいいんですか」と言われる状況が生まれている。「役に立つかどうか」という価値観が蔓延《まんえん》し、若い世代の方がむしろそれをよしとする風潮は、日本全体に余裕がなくなったことと大いに関係があるだろう。以下、その状況について話を進めてみたい。

研究、特に実験科学を進めるには研究スペース、研究装置・設備と日常的な研究費が必要になる。加速器、巨大な望遠鏡のような大型の装置を要するいわゆるビッグサイエンスは、巨額の資金が必要で、いまや国際的な協力なしには進められなくなっている。一方、私が関わっているスモールサイエンスと言われる生命科学の研究費も、実は研究費全体の中に占める割合は決して小さくはない。

一般の社会生活から見ると「何でそんなにお金がかかるの」と思われるかもしれないが、実際、結構必要なのだ。

たとえば私の研究分野の細胞生物の研究を進めるには、性能の良い最新の光学顕微鏡や電子顕微鏡、遺伝子解析装置、質量分析装置などの機器が必須で、一つで1億円を超えるものも多数ある。生命科学の実験室には、日常的に使う一つ数十万円もする機器が何十種類も必要だ。試薬も高価なものが増え、マウスなどの実験動物を使えばそれにも多額の費用がかかる。また微量の液体を正確に量り取り、混ぜ合わせて反応させるためには、使い捨てのプラスティック製品も多数必要である。

さらにいまの時代、研究データの解析には何台ものパソコンが必須だし、科学雑誌を購入する必要もある。海外を含めて学会等に出て情報を得たり、議論をすることも大切である。研究成果を論文として国際誌に発表するのにも結構な費用（たとえば一つの論文の投稿から掲載までに数十万円）が必要となる。

日本の大学における研究費は、以前は国立大学であれば、いわゆる講座費として一律に配分され、最低限の経費が保証されていた。しかし近年、国から大学に支払われる「運営費交付金」は、大学の運営のためのお金であって研究費ではないとされ、研究資金はすべて研究者が自ら獲得して賄わなくてはならない。いわゆる競争的資金だ。なにもしなければ研究費は1円も入ってこないので、外部資金を個人の努力で応募して獲得しなければならない。

国からの研究資金にはいろいろな省庁からのものがあるが、基礎科学者にとってもっとも自由度が高く、重要なのは文科省が管轄する科学研究費補助金（科研費）である。金額や期間など様々な種目がある。もちろん自動的にもらえるわけではなく、研究計画や研究費の必要性などを書いた申請書を提出する。厳密な審査を経て採択が決まる。残念ながら申請件数に対して採択される率はかなり低く、まさしく競争的である。

研究者は研究費を得ることが研究を続ける上で必須なので、そのための申請の書類書きと、その成果報告書などにかなりの時間を割かなくてはならない。しかもそれらの研究費の研究期間は一般的に2～3年、長くて5年だ。このようなプロジェクト研究だけになると、研究費が途切れることにならないかという不安をいつも抱えながら研究をしていくことなる。

研究費の申請では、競争が激しくなると、客観的な指標としてそれまでの研究実績、それまでに申請者が発表した論文が採否の判断の材料になる。さらに採択されれば、研究計画に対する成果が問われる。次の研究費を獲得するには期間内に成果を挙げなければならないというプレッシャーもある。

私は、こうした余裕のない状況は非常に大きな問題だと思っている。なぜなら、確実に成果を得られる課題を選ぶことになり、答えが出るかがわからない問題に挑戦することが難しくなるからだ。長い研究期間を要する研究計画も提案しにくい。短期間で成果が見える研究が重視され、基礎的な研究は自《おの》ずと敬遠される傾向が強まっている。

第二章でも述べたが、私が酵母のオートファジーを発見し、最初の論文を発表したのは1992年、研究室が立ち上がって4年後だった。その間に進めた多くの大事な研究は、それまで誰にも見えず評価されることはない。科学の研究は未来への投資でもあるので、すでに大きく展開されている素晴らしい研究だけでなく、将来大きな展開を見せそうな萌《ほう》芽《が》的な研究がサポートされるシステムが必要である。

このように研究費の問題は、研究の内容そのものにも多大な影響を与える問題だということを理解して欲しい。

加えて日本の研究者の大多数は大学の教員なので、大学の運営や教育に関わるたくさんの仕事をこなす必要がある。研究には、まとまった時間が必須なので、時間が様々の案件で分断されると辛い。近年、大学の教員が研究に割ける絶対的な時間が激減していて、それが日本の研究力低下に繋がっていることは、文科省の定期的な調査でも明確に数字として示されている。

科学者には多様性が必要だ

では、科学者に必要な要素はなんだろうか。科学の世界では、平均点は大きな意味を持たない。科学者は日本の学校教育が目指してきたようないわゆる成績優秀なエリートが集まればいいわけではない。私は、科学者はある意味で変わり者でいいのだと思っている。

少し前に朝日新聞のコラムで鷲田清一《わしだきよかず》氏が、サントリーのチーフブレンダーを長年つとめてこられた輿水精一《こしみずせいいち》氏の言葉を紹介している記事が目についた（２０２０年12月13日）。

「ちょっと変わったヤツが必要なんですよ。優等生ばかりを集めていてもいい酒になりません」

ブレンドウイスキーはいろいろな原酒を混ぜて造る。そのとき「欠点のない」原酒ばかり集めて造っても「線が細い」ものにしかならないが、変わり者が混じることで初めて、ハッとするいいお酒ができるというのだ。研究者の世界と同じだと思わず頷《うなず》いてしまった。歴史的にみても優れた研究者の周りには多くの場合、優れた仲間がいたと聞く。これこそ陸の孤島に住んで自由な時間がたくさんあるからといって、一人で科学が成り立つわけではない理由だと私は思っている。研究活動では周りの優れた環境が大きな意味を持っている。単に研究設備や建物が整えばいい研究が進むわけではない。

研究者の集団には様々な人がいて、それぞれが役割を持っている。直感的に物事を捉えることに長《た》けた人、論理的に考えることなしには前に進めない人、実験をすることがなによりも好きな人、実験を何度も繰り返さないと答えが出せない人、不思議と一回で見事な結果を出す人、たくさんの論文を正確に読みこなす生き字引のような人、議論好きでいろいろな疑問を発する人、的確な疑問、質問を投げかける人などなど、それぞれ得意なものと個性がある。

では、日本の大学の現状はどうだろうか。

第二章でも述べたが、私が東京大学に入学した当時のクラスは、都立高校出身者と、全国の公立高校の出身者が大半だった。最近、東大や東工大の学生に「君の出身高校は？」と尋ねるとそのほとんどから、よく知られている有名進学校の名前が返ってくる。学生の選抜が中学、高校と早い時期から始まっていることがわかる。

出身地の多様性も薄れてきている。東大や東工大など、かつては日本中から学生が集まってきたような大学でも、ある意味で地方大学化しているのだ。東工大でいえば、20年前は関東圏以外の出身者が半分いたそうだが、現在では3割程度にまで下がっている。

日本はこの10年、全体として貧しくなっていることはさまざまな統計から明らかだ。親の世代が子どもにお金をかけることができなくなっていて、仕送りの金額が明らかに少なくなっている。その結果、多くの国立大学はそれぞれの地域の出身者で占められる割合が高くなっている。東大生の親の年収がほかの大学に比べてもっとも高いことも示されている。早い時期に選抜が進み、大学生の多様性が低くなってしまった。

大学も多様性を確保しようと努力をしている。たとえば東工大では2020年から「ファーストジェネレーション枠」という新しい試みが開始された。両親が大学卒でない高校生に大学進学の機会を増やそうという試みである。この支援が、親の学歴に左右されずに本人の大学進学の希望を叶《かな》え、才能が発揮できる社会の一助になればと思っている。

この活動は、私の寄付を原資として始まったために名前が冠されてしまった「大隅良典記念奨学金」システムの中の一つの試みである。基金自体は設立以来、卒業生を含めた多くの人たちからの寄付によって何倍にも膨らんでおり、このような活動を支えている。

従来の均質な人たちを求めてきた日本社会が今後どのような社会を目指せば良いのか、本来多様性が求められる科学の世界や大学から、新しい方向性が発信されることを願っている。

得意なことではなく苦手なことで決められる進路

研究者にとって多様性が大切だということを述べてきたが、ではその研究者の卵を選抜する大学の入試制度はそれに見合ったものだろうか。

いまなお受験生が大学を選ぶときに、偏差値など様々な数値が幅を利かせ、自分の興味に向き合うことなく自分の将来の進路を決めることが、当たり前になっている。文科省は様々な入試制度改革をしているが、機能しているとは思えない。人の能力を伸ばすための本質にせまる議論が必要な時期にきている。

日本の社会ではいまでも文系、理系という区分をしばしば耳にする。私は文系だからわかりません、またその逆も、問題から逃げる理由として使われる。大学入学に向けて高校では、数学が苦手だという理由だけで文系に振り分けられる。

いまの時代、文系の学問にも数学の知識が必要になってきていることはよく知られているし、逆もまたしかりで、理系に文系的な素養も重要だが、そのような状況に対応しようとしているとは思えない。

成績がいいという理由から適性や希望を無視して医学部への進学を勧められる。理系でも物理がわからないから生物を選択する、というように、選択の理由が長所を認めて伸ばすのではなく消去法なのだ。

大学側は、少子化の影響で学生の獲得が急務となっている。受験科目を少なくして受験生を増やそうとする大学の方針もあって、大学に入ったはいいが、必要な基礎学力が足りない学生も散見される。その弊害として、勉強に意欲を失う学生を生み出しており、彼らに対応するため理解度に合わせて二つのコースを走らせねばならず、大学の教員側にも過剰な負担を強いることになる。

大学受験の時点で、学部のみならず、学科まで決めるというシステムも時代にそぐわない。たとえば工学部には、電気、電子、機械、情報、システムなどなど似たような名称の学科がずらりと並ぶ。大学で働く私でも、その科にどんな人がいて、何を研究しているかわからない。まして高校生にその学科の研究内容を理解することは到底不可能である。となると手にした少ない情報をもとに学科を選択することになる。

このように見ると、日本の教育システムは人それぞれの個性や特異な能力を伸ばすことよりも、早く小さな専門家をつくることに主眼を置いているようにしか思えない。試験の総合点でのみ評価がなされる現状は、社会にとって、とりわけ科学の世界では大きな損失だと思う。同質な人間が集まることを好む日本の中で、大学こそ、多様性をもっと大切にすべきではないだろうか。

大学院も大きな問題を抱えている。就職には修士課程修了者が有利だと思われ、学部から修士課程まで進む学生が増えたが、逆に博士課程への進学者が激減している。我々の時代、少なくとも東大では修士課程の学生の大半が、博士課程に進学した。多くの人にとって、修士課程で研究テーマを自分で決めて、その研究方法までを考えることは難しい。したがって修士課程は、博士課程に進んで自立した研究者になるためのある種の訓練期間といった位置づけだった。

しかし、修士課程でやめて博士課程には進学しないことが前提となりつつある現在、修士課程の意味が、企業などへの就職を目指す期間という位置づけに変わってしまった。

　私が属する東工大でも多くの学生が修士課程を終えて就職していく。修士課程の2年間は様々なことを学び、研究者としてもっとも成長できる年齢であり貴重な時間なのだが、就職活動に充てられるので研究をする時間は限られる。限られた時間で研究のおもしろさを経験することは難しい。自ずと研究に取り組む姿勢が弱くなり、就職が決まると研究の成果を論文にまとめたり、学会で発表する意欲も低くなる。

　それが現在、日本の多くの学会で若者の発表演題の減少をもたらしている。問題なのは、自分で課題を見つけて、それに挑戦するという姿勢を養う時機を逸してしまうことだ。そういった姿勢は就職してもあまり変わらないという意見が企業の開発担当者から寄せられる。

　博士課程に進学するとなると、さらに3年間無給で、しかも授業料を払わなければならない。最速でも博士課程を修了すると27歳になっている。博士課程進学のハードルが高いのは当然である。奨学金の充実が謳《うた》われているがまだまだ不十分である。

　日本学術振興会には博士課程での経済的サポートもあるが、それを得ようとすると、修士課程で論文を出した方が有利となる。となると自分の興味のあることとやりたいことに挑戦するよりも、先生から与えられたテーマを、手際よくこなそうとする傾向が強くなる。指導教員に言われたように実験をして、結果が出たら「先生、次は何をやりますか」と尋ねてくる大学院生が多くなったという声を多くの先生から聞く。自分で考えることなしに、実験をするロボットになっては、次世代を担う研究力が養われない。科学のおもしろさを感じることも難しく、自分で新しい課題に挑戦することを妨げている。現在の大学院制度の大きな欠陥である。

研究者を育てる環境

研究が発展するために、ただ多様な人が周りにいればいいかというとそれほど単純ではない。多様な人間の相互作用の意味を考えてみたい。

研究活動は個人的な作業に負うところが多いのは事実だが、研究者は人との関わりの中で学び、育てられるものでもある。議論する中で自分の考えを整理し、深化させることができる。いろいろな人に出会い、まったく違った考え方や問題の解析方法を知ることが大切だ。

議論というと違った意見を戦わせ、どちらが正しいかを判断するといったイメージがあるが、もっとも本質的なことは、議論の過程でそれまで見えなかった新しい方向が見えることにあると思う。議論の楽しさは、思いもつかなかった新しい展開があるときだ。その点では、違った見方や考え方をする人と議論する機会を持つことが大切なのだろう。

海外に行って私が痛切に感じることの一つは、私も含めて日本人研究者が総じて議論が苦手であるということだ。これは互いに意見がぶつかることを避けるという日本人の気質に原因があるかもしれないが、なにより教育の結果だと思う。日本では子どもの頃から、できるだけ他人と違わないことを大事にする。時々報道されるいじめの問題も、異質な人を排除するような村社会を好む、大人の社会の反映かもしれない。

国際化の広がりの中で、急速な変化に的確に対応できる能力を持つ人材こそが求められている。しかし教育現場にそれが反映されていないのではないだろうか。

いま議論の虚《むな》しさを感じさせる場面は、国会かもしれない。議論が破綻《はたん》していることは誰の目にも明らかだ。日本の政治の劣化は著しい。誰もが嘘だとわかることが平然と語られたり、大事な証拠書類や統計データが改竄《かいざん》されたり、廃棄されたりしている。テレビで映される国会中継を見るが、議論の中から新しいものが生まれる生産的な活動だと実感することはできようもない。毎日そんな画面を見ていて、議論の大切さを説くのは難しい。

また、コロナに翻弄《ほんろう》されたことは、当時の大学生にとっていかにも気の毒な事態だったとしか言いようがない。自宅で小さなパソコンの画面からの一方向のオンライン授業に張り付かねばならず、ほとんど登校の機会を奪われてしまった。大学生とは何かを実感することのないままに過ごした彼らのダメージは計り知れない。

教員にとっても、相手の反応が見えないパソコンに向かって行う講義はいかにも味気なく、張り合いがない。学生にとって大学は単に授業を受けてそれを学ぶ場ではない。それならば、その気になればハーバード大学やスタンフォード大学など海外の有名校の授業を聞くこともできるし、優れた教科書もたくさん出版されている。それを学ぶだけなら大学に入学する必要もない。

しかし大学での学びは、単に知識を得るという受け身のものではない。正しい答えを知ることが大事なのではなく、極論すればこれからの長い人生で何を学ぶかを模索する時間だと思う。得がたい生涯の友人を得たり、素晴らしい先輩や先生に出会い直接対話する。様々なことを学ぶことこそが学生にとっての大学の意義なのだと思う。

議論する日常、閉じこもる日常

議論する力は黙っていて身につくものではない。海外の会議に行くとそれを痛感する。海外の大学や研究機関では日中にいわゆるファカルティーメンバー（教職員）の研究者などが集まるTea timeがあって、違った研究室や異分野の人と茶とクッキー片手に1時間ほど自由に話す。おそらくメンバーはほとんどが参加しているのだろう。イギリスに行ったときは、Teaの国だけあって午前と午後、2回やっていた。ロックフェラー大学の夜のセミナーにはワインが出ることもあった。

彼らは日頃から、専門分野のまったく違う人と会話をする訓練をされているのだと気づかされる。一方、日本の大学では、学生は入学時から学科にわかれ、研究室に配属されるといよいよ人間関係が限定され、狭くなってしまう。

最近、大きな国立大学の理学部の教授職にある友人と話す機会があった。彼は国際基督教大学（ＩＣＵ）の出身で、ＩＣＵと比べて学科の雰囲気に違和感を覚えたという。ＩＣＵは留学生や帰国子女も多い上に小さな大学なので、教養学部で自然科学を学ぶ学生は、生物、化学、物理、数学などを専修するにしても、日常的に一つの場で会話をする機会を持つ。自分が興味を持っていることを他人にわかってもらう訓練、違った分野の動向にも興味を抱く教育が自然となされることになる。

一方、大きな国立大学になると、理学部の中も細分化され、建物も違って学科内の人間の中で関係が閉じてしまう。専門外の人と話す機会は年を重ねるほど減少していく。

議論という点でいえば、こんなこともある。海外の大学を講演のために訪れると、講演後のスケジュール表を渡されることがよくある。何人もの研究者のオフィスを順々に訪れるようになっており、そこで各自の研究を紹介され、議論をして意見を求められる。かなりタイトなスケジュールだ。

こちらは必ずしも専門ではないので、議論できるものかと身構えてしまうが、彼らにとってはごく当たり前なのだろう。さらに、昼時には十数人の学生たちとランチを食べながら話をする時間も設定される。一人ひとりの学生が学んでいる専門もさることながら、将来の希望もとても多様性に富んでいることに気づかされる。

私を含めて日本人の研究者には、海外の研究者と外国語で議論を戦わす語学力のハンディキャップがあるのは事実だ。議論の中から新しいものが生まれることを実感する機会が少ないことも問題だろう。

この一つの要因は日本の大学教育のあり方にあるのではないだろうか。前述の通り、日本の大学では早く一人前の専門家を実社会に送り出すことを目的としてきた。この数十年、ほとんどの大学は教養部を廃止して、その傾向に拍車がかかったように思う。日本の大学はその多くが総合大学 University だが、実際には College か専門学校に近いのかもしれない。せまい分野で早く一人前になることが大事にされてきた。

現代の進歩の激しさはとてつもなく速い。詰め込まれた中途半端な知識はすぐに役に立たなくなる。10年後、20年後を正確に見通すことは、容易ではない。本当に必要なのは、新たな問題に対する柔軟な思考、解決能力ではないだろうか。

グローバル化が進んだ今日、世界的に成功している企業で、世界の大半のシェアを誇る主力製品を持っていても、社会でその必要性が変化したり、どこかでより優れた性能をもつものが開発されれば、あっという間に取って代わられる。小さな改良ではなく原理的に新しいものが求められている。

私が専門とする近代生物学に関しても、その発展のスピードは非常に速く、当然研究の手法も多様化してきている。研究テーマであるオートファジーの研究でも、生理学、生化学、遺伝学、細胞生物学、構造生物学などなど様々な研究手法が関わる。

私の理想の研究室は、研究室員が皆「オートファジーを理解したい」という共通の目標を持ちながら、一人一人は違った方法でアプローチをする多様な集団であることだ。そうすることで、日常的に様々な考え方や実験方法に接することができる。またあるときにある方向での研究が行き詰まっても、誰かが違ったアプローチで新しい結果を得ることで、全体の活気が維持されるという効果も生まれる。

私は立ち上げた財団の関係で様々な業種の企業のトップの方とお話をする機会がしばしばある。「いまこそ企業も、個々人もチャレンジ精神が問われている」と危機意識を持ったトップも多い。この状況は、日本の大学教育を変えるための大きなチャンスなのかもしれないと思う。

若者の特権と安全志向

最近日本でも、いろいろな分野で驚くほど若くして世界的な活躍をする若者が出てきている。将棋の藤井《ふじい》聡太《そうた》九段、天才少女プロ棋士と呼ばれる仲邑菫《なかむらすみれ》さんがいる。スポーツ界でもプロ野球、ゴルフ、卓球など若い人の活躍が素晴らしい。大坂《おおさか》なおみさんや大谷翔平《おおたにしようへい》さんなども、これからますます世界で活躍するに違いないし、皆堂々としている。作家のデビューも近頃はとても若い人が目立つ。このような傾向がますます広がることを願っている。

ただ私が大学で接する学生たちに関していえば、安全志向が強く、保守的だとしばしば感じる。

周囲のはやりに惑わされずに、自分でおもしろいことを見つけてやっていくことは、科学の本質だと思うのだが、日本ではオリジナリティを大切にする文化が乏しく、社会の余裕のなさもあって、学生の安全志向が強まっている。これは決して、若者たちに責任を押し付けてはいけない。

ある先生から聞いたのは、学生がテーマを自分で決められないという話だ。「これ、論文になりますか」「『Nature』のネタになりますか」と聞いてくるという。

若者の安全志向は、大学だけの傾向ではないようだ。最近の若者の意識調査で、質問に対して「わからない」という答えが非常に多いという報告を目にした。自分の意見を表明するのに臆病になっていることの表れではないだろうか。若者が年寄りよりも知らないことが多いのは当たり前で、知らないことを恥じる必要はないのだが。

私に対しても「そんな質問をしてもいいのですか」といった意見が寄せられる。疑問を封じ込めず、浮かんだ疑問をぶつけて、新しい発想を得ることができることこそ、若者の特権だと思って欲しい。

子どもたちと接していても少し心配なことがある。最近、小中高生向けの講演をする機会が以前とは比べられないほど多く、講演後にたくさんの質問が発せられるのは大変頼もしい。

反面、必ずと言っていいほど、「研究が行き詰まったときにどうしましたか」「失敗したときにどう対処したら良いでしょうか」といった質問を受ける。私はこの質問を聞くたびに、人生が一本道で、いかに失敗しないかが重要視されているのかと感じてしまう。まだ子どもなのに、すでに彼らには、「一度でも失敗したらそのあとは負のスパイラルにはまってしまい、二度と戻れないのではないか」という恐れがあるようだ。

成功の秘訣《ひけつ》よりも、失敗しない方法を知りたいという気持ちが強いというのは、困ったものだと感じる。現在の日本の社会の閉塞《へいそく》感がそのような傾向を助長しているのではないだろうか。

少子化の影響もあるかもしれない。子どもがいつも目の届くところにいて欲しいし、危ない橋を渡って欲しくないという親の影響も強いのだろう。

寿命もますます長くなってきているのだから、若者たちには「自分の人生は自分で決める」といった気持ちを持って、ポジティブにたくましくあって欲しい。当然このような意識が、科学の世界に飛び込む意欲にも関わっている。

失敗を恐れる必要はない

子どもたちがまず失敗を恐れることと通底することがある。日本の大学院修士課程に入学する学生の年齢が、ほとんど22～23歳なことだ。これは世界的に見ても特異な現象だ。海外では30歳前後といった国がいくつもある。研究者も一本道で何歳までにどうあらねばならないということはまったくない。ある程度、社会経験をし、明確な問題意識を持ったときに、改めて大学に戻り、素晴らしい研究を展開する人もたくさんいる。

多様な参加の道があることをもっと知って欲しい。ただただ受け身で学ぶよりも、しっかりした目的意識のもとに勉強をする方が、はるかに身につくに違いない。

私はたまたま、予想もしなかった多くの賞を受賞することになった。どう見ても研究者として、世間的には「成功者」ということになるだろうが、私個人としては大変な居心地の悪さを感じている。受賞者に選ばれるか否かは、ある種の「時の運」といった要素があると思うからだ。

私よりはるかに能力が高い研究者はたくさんいる。素晴らしい着想を持っていたのに、残念ながらまだ検証する手立てがなかったという場合もある。大きな原理の発見に決定的な実証をしたにもかかわらず、受賞者から外れたという例も多くある。最終的には間違っていたが、その研究によって多くの人が触発されて、大きな展開がなされたという例すらもある。

このように科学の発展への貢献は、実は多様だ。科学の発展は、多くの先人たちや同時代の研究者によってもたらされてきた。にもかかわらず、ノーベル賞をはじめとして、多くの賞は一人か少数の個人に与えられる。受賞者の成果のみが強調されるのだ。実際には、研究者の貢献に順位をつけるというのは大変難しい作業で、私が受けてきた賞も、私個人のものではないと思う。このことも、受賞を心から喜べない理由の一つだ。

付け加えると、日本はノーベル賞が特別に注目を集めるため、ノーベル賞受賞者はすべてのことで優れているといった雰囲気がある。成功者はすべて人格者で、すべてのことで優れていたら事は簡単だが、実際にはそんなはずはない。そういう当たり前のことを冷静に伝えたいのだが、なかなかわかってもらえない。

講演で紹介されるときの肩書は、２０１６年のノーベル賞受賞者と必ず言われるし、だからこそ私のつまらない話でも真剣に聞いてくれるのだろう。子どもたち向けの講演だけではなく、インタビューなどでもいつも何か教訓めいた話をして欲しいと頼まれる。ほかの受賞者たちは中国の故事や、偉人の言葉などを引用しながら上手に話されるが私はうまく受け答えができない。

サイエンスである達成をしたから、すべての面でお手本になるということはない。でも聞く方は「聞かせていただく」という態度で接してきて、そのような圧力を感じて、窮屈さが付き纏《まと》う。

たとえば「小学校時代をどういうふうに過ごしましたか」「高校時代、どういうふうに過ごしたらいいでしょうか」という質問などは本当に苦手だ。第二章で書いたように、ノーベル賞をもらおうと思って小学校時代を過ごしていたわけではないし、研究者になってからも、賞をとるために頑張ってきたわけでもない。本音を言えば、「そんなこと、わからないよ」なのだが、相手は教訓めいた答えを期待して、何とかそういう答えを引き出そうと質問が飛んでくる。プレッシャーを感じる一方で、こういうことを言わせたいんだろうな、とわかるから、こちらもいよいよそういうことは言いたくなくなってしまう。

未知の世界は先が見えないからこそ楽しい

高校まではわかったことを教わっているが、「実は全部わかっているわけではないんだよ」というメッセージを大切にしたい。これも受験勉強の弊害だろうが、必ず一つの正解があるということが前提になっていることに慣らされてしまっている。だから教員の側も「まだこんなにわかっていないんだよ」という講義がしにくい。

こんな話を聞いたことがある。大学での講義で先生が「これにはいろいろな説があって、どれが正しいかまだわかってないんだ」と言ったところ、学生の方から「不安になるのでどれか一つに決めてください」と言われたという。私が研究する生物の分野には、まだまだ知らないこと、わからないことが圧倒的に多い。

科学離れが叫ばれる今日でも、科学研究に携わりたいと思う人は、実はたくさんいるに違いない。研究者がすべて、いわゆる〝成功者〟を目指す必要はないと思う。自分の知りたいと思うことに真摯に向き合っていられることを幸せだと感じることができれば、人の評価は後からついてくるものだ。

科学の世界は初めから成功への道が見えていないからこそ楽しい。しかもゴールにたどり着く道は、一つとは限らない。むしろ予想しなかった道がもっともゴールへの近道であることもある。科学を志す人は失敗を恐れるのではなく、学問に王道なしと思って、科学に携わりたいという気持ちそのものを大事にして欲しい。そのためには、科学の本質や研究者の活動を理解してくれる人が社会に一人でも多くなってくれることは必要であろう。

第Ⅲ部
「役に立つ」の呪縛から飛び立とう

科学者は私たちに新しい世界を見せてくれる人たちだ。にもかかわらず、つい、「その研究、いったい何の役に立つの？」という視点から見てしまうときがある。「役に立つか、立たないか」の価値観があらゆるところに入りこむ社会に暮らす大人たちへ、そしてこれから科学者を目指す若者たちへ。二人からの唯一無二の提言。

第五章　「解く」ではなく「問う」を

永田和宏

答えられるより問えることが大切

混迷する現代社会で、またサイエンスの世界で、私たちが本当に身につけるべき力とはどういったものだろうか。本章ではそのことについて考えてみたい。

一人の人間として生きていくために必要な力を養うのが教育だ。それは単に日々の糧を得るための手段を手にする、というものとは違うはずである。

いまの日本の教育で重視されていることは何かといえば、「できる」ということである。「できる」ことが評価される。親も教師も「あの子はできる子だ」などとよく言うし、何より本人がいちばんそれを気にしている。

それでは「できる」というのはどういうことか。一般には試験に出た問題を「解く力」

のあることを意味する。問われた内容に対して効率的に、エレガントな答えを出せる子が「できる子」というわけだ。

「解く力」を発揮するためには、まずその分野に対する知識が必要とされる。そこから「学ぶ」という必要性が出てくるのは言うまでもないだろう。初等中等教育では、教科書に従って授業が進められることが多いが、教科書に書いてある内容を「知識」として理解し、自分のものにすること、そしてそれを試験などの場で「解く力」として発揮すること、それが「できる」「できない」の判断の基本とされている。

試験というのは公平性を担保されなければ試験の意味をなさない。公平に受験生の力を評価できることが大前提である。勢い、誰か特殊な人にだけ有利になるような問題を作ることは許されず、教科書で習ったことだけが試験範囲となる。次に、評価が公平になるように問題が作られなければならないということから、どうしても知識そのものを問うもの、あるいはその知識を応用したロジカルな思考を問うものとならざるを得ない。後者はいわゆる応用問題というヤツである。学校で成績をつけるための定期的な試験や、大学などの入学試験、それらはこの基準を基盤に置かなければ公平性が担保されず、成績判定あるいは選抜の意味をなさない。

こんなシステムも、現状の大学入試などを考えると、ある意味やむを得ないと言わざるを得ない。本当は、アメリカなどのように、入学は緩くしておいて、大学の学年が進むにつれて、その講義や教育についていけなくなった段階で、別の道を探すというのが、現行の日本のシステムよりいいと個人的には思っているが、それはいますぐどうこうできることではない。

しかし、それは認めながらも、偏差値などという指数がひとり歩きすることによって、親も、教師も、なにより本人さえも、その〈数字〉で自分の能力を見積もってしまっているという傾向は、このままにはできない大きな問題をはらんでいる。

試験の成績というのは、一種の影だと私は思っている。公平性という観点から、試験では誰もに水平から光が当てられる。一人の人間の能力というのが、そんな均等に当てられた光の影だけで測れるものでないことは、言うまでもないだろう。

一人の人間のほんとうに素晴らしい部分は、「平均値からはみ出た部分」にこそあるのであるが、所謂《いわゆる》、試験というものは、それを探り出すようには、本来できていない。「はみ出た部分」に光が当たるようにはできていないのである。そのことを認識したうえで、学校や受験、模擬試験などの成績を受け止めて欲しいと、私などは思うのである。

私たち研究者が自然科学の分野で（人文社会科学も同じだと思うが）求めている人物像は、そのような一般的な試験の成績のいい学生とは、大きく異なっている。

試験でいい点数を取るためには、教科書に書いてあることをしっかり覚え、自分のものにして、出された問題にそれを応用すればいい。わざわざ教科書を疑っていては、効率こそが重視される試験ではとても勝ち残れない。

しかし、サイエンス、あるいはそれをも含めて、学問の世界では、「なぜなのか」という問いと「本当なのか」という批判性、この二つの意識をもって、現実に対すること、その意識がなければ、研究を進めることも、新しい発見をなすことも、まず不可能だと言ってもいいだろう。

単純な例だが、2020年の初めから爆発的に広がり、世界を覆い尽くすことになった新型コロナウイルス感染症。テレビなどではその感染を防ぐために、繰り返し石鹸《せっけん》での手洗いを勧めていた。その結果、石鹸での手洗いを心がけるようになった人も多いだろう。だが、人に言われるから手を洗うというのではなく、「なぜ石鹸で手を洗うことがいいのか」と考えてから実行する人は、意外に少ないのではないだろうか。

コロナウイルスは、私たちの細胞に侵入して、自らを複製し、膨大な数になったウイルス粒子が細胞外へ出て行って、次なる宿主細胞に感染する。私たちの細胞の膜は、リン脂質でできている。単純化して言えば、油でできた膜である。ウイルスが私たちの細胞の膜を突き破って外に出ようとするとき、ウイルスは私たちの細胞の膜を被《かぶ》って出ることになる。エンベロープと呼ばれる、私たちの細胞膜と同じものをコートとしてまとって出るのである。よく知られるようになった、新型コロナウイルスのスパイクという突起もこのエンベロープから突き出している。

石鹸は、界面活性剤とも言われるが、脂質（油成分）に結合する性質を持ち、一方で水ともよく馴染《なじ》む。油をくっつけた形で水に溶けるので、油を溶かす作用を持っている。汚れた手を石鹸で洗うというのは、実は水に溶けない汚れの油成分を、界面活性剤の性質を介して、水に溶けさせているのである。洗濯も同じ原理である。これと同じ作用がウイルス表面の脂質の膜にも作用し、ウイルスの膜が溶けてしまう。だから、石鹸で洗うことが、ウイルスを殺すことにもなるのである（図5－1）。

単に言われたから石鹸を使うというのと、こんな最小限のサイエンスの知識を知って使うのとでは、たぶん知っていた方が、それを実行しようというモチベーションにおいて大きな違いを生むだろう。

「なぜ、石鹸を使うのがいいの？」という疑問を持てるかどうか。私たちは、外部からの情報、特にそれが公共の電波や新聞などを介した情報である場合、理由や原理がわからなくとも、ただ漫然とそれに従ってしまうことが圧倒的に多いが、一度立ち止まって、「なぜなのか」「本当なのか」と〈一呼吸おいてみる〉ことは、日常生活の場でも大切である。

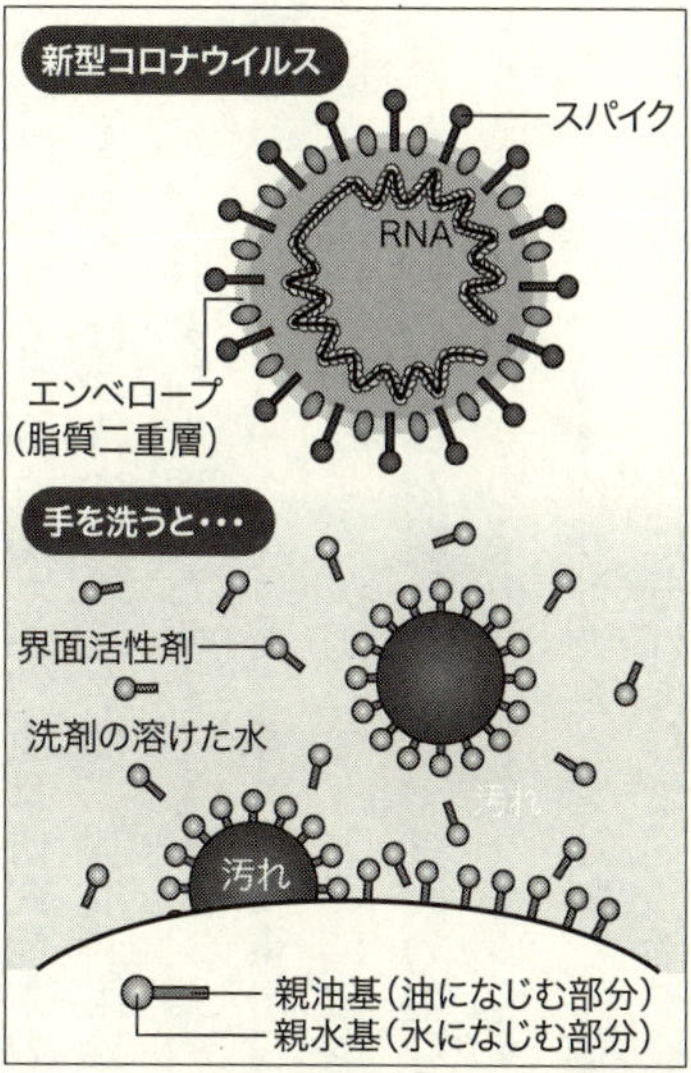

図５－１　新型コロナウイルス（上）と、界面活性剤の様子（下）

いかに問えるか

「なぜなのか」「本当なのか」と問わなければ、自然は決して答えを返してはくれないが、「どのように問うか」「いかに問えるか」がサイエンスの世界ではきわめて大切である。自然が答えを返しやすいように問いを発してやらなければならない。研究の現場では、この「どのように問うか」が、実は研究能力のかなりの部分を左右すると私は考えている。サイエンスは、特に実験科学は、基本、比較の科学という側面が強い。条件を同じにして、一つだけ条件を変えた要素を導入し、その導入によって結果がどのように変化するかを観察して、その一つだけ変えられた要素の役割、意味を明らかにしようとするのである。そのとき、何と比較するかがとても大切になってくる。

たとえば、ある薬が開発されて、その効果を試す（これを治験という）としよう。さて、どう試験するか。その薬の効果を知りたいのだから、患者を二つのグループに分けて、薬を与えた群と、与えなかった群とを比較し、病気の改善をみればよい。まずこう考えるだろう。このとき、二つに分けた群で、年齢や性別、病気の程度や、これまでの病歴など、条件が揃っていることが大切である。そのように設定した二つの群のうち、操作をしない群（つまり、薬を投与しない群）を対照（コントロール）と呼ぶ。サイエンスでは、このコントロールをどのようにしっかり構築できるかが、研究の第一歩となる。コントロールがうまく取れていなければ、何度繰り返しても、意味のある結果を得ることはできない。

さて、コントロールを正しく取って、薬を投与した群としなかった群を較べて、投与した群では明らかに改善が見られた。これで薬の効果が証明できた……と思うだろうか。普通ならそう思っても不思議はないが、これでは正しいコントロールとはなっていないのである。

患者さんに薬を与える。そうすると、たとえその薬が本当には効いていなくとも、効き目のある薬を投与されていると思うだけで、病気がよくなることもあるのである。これを「プラセボ効果」と呼んでいる。

このプラセボ効果を排除するような正しいコントロールを取る必要がある。正しくは、効果のある薬（化合物）の入ったものと、それが入っていない見せかけの薬、すなわち偽薬（これをプラセボという）を、どちらを与えているか患者にはわからないように投与して、両者を比較するのである。実際の治験の現場では、さらに厳密なコントロールがとられている。薬を投与する医師にも、その「薬」が本物の薬であるか、偽薬であるかが伏せられているのである。投与する医師の態度から、それが本物であるか偽薬であるかが、患者に知られないようにするためである。

このように厳密に比較対照を吟味して、試したいものの効果を判定する。そのうえで初めて、科学的に正しいと考えられる結論に至るのである。

しかし、世の中には、このような厳密な比較を行わないままに、さまざまの効果が謳われる商品が出まわっている。健康食品や美容に関するさまざまの「良さそうなもの」が、テレビ画面や新聞紙面にあふれている。その宣伝の多くは、効果のあったとする人たち、特に有名人の感想を掲げて、こんなに効果があると購買意欲をそそる作戦である。しかし、たとえその人たちに効果があったとしても、科学的には、それは効果があったとは言えない。一人に効いたからといって、それを普遍化することはできないからである。

これは改めて言うまでもないような、科学的な考え方の基本中の基本であるが、それさえも一般社会の多くの人々と共有されていないのが現状であると言わざるを得ないだろう。

答えの先に新たなる問い

研究者にとってもっとも大切な資質として、問いを発する能力について述べた。それでは研究者の喜びとは何だろうか。

自らが発した「問い」に、いかに「答え」を導き出すか。実験科学者の場合であれば、「問い」に対する「答え」を見いだすために、さまざまの実験を組み立て、結果を得て、その結果の検証のための実験をさらに組み立てる。そのようにして、何とか所期の目的を達成し、正しい「答え」にたどり着く。ここに研究者としての醍醐味がある……と一般には考えられるだろう。しかし、これまで50年近くを研究者としてやってきた私の実感から言うと、それが必ずしももっとも大きな喜びではなかったような気がする。

考えてみれば、うんざりするほど長く研究者として生活をしてきた。若いときは、土曜日も日曜日もほとんどないほどに研究室に入り浸り、正月の一日にラボに出てみれば、同僚のほとんどが出て来ていたなどということもざらであった。何が、そんなバカみたいな生活を引き出す力だったのだろうか。

人によってさまざまと言うべきで、私の考えを押しつける気は毛頭ないが、私の場合は、正しい「答え」にたどり着くということよりも、せっかく正しい「答え」を得たにもかかわらず、すぐその向こうに新たな「問い」が見えてしまうといった、自然のもつ奥深さが魅力であったような気がする。せっかく見つけた「答え」がそれで一件落着とならなかった、その落とし前をつけなければと、次なる「問い」への闘志が自然に湧いてくる。

もちろん、その困難な「問い」に答えて、世界から認められたいといった名誉欲は間違いなくあっただろう。サイエンスの歴史の中に、どんなに小さくとも、そしてどんなに限られた領域であろうとも、どこかに自分の名を残したいという淡い希望もあったはずである。

どこまでも「問い」が続く自然の謎への尽きない興味と、そんな中で何らかの業績を挙げることで認められたいという名誉欲、たぶんその二つは、これだけ長いあいだ私を研究の世界に繋ぎ止めていた大きな要素であっただろうと思っている。

あたかもシジフォスの如き苦役でもある。せっかく大石を丘の上まで運び上げたのに、その石はたちまち坂を転がり落ち、シジフォスはまた営々とその大石を運び上げる。そんな繰り返しにも似ているが、しかしそのような「問い」と「答え」のいたちごっこ、あるいは「仮説」と「検証」の繰り返しの中で、徐々に自分の研究対象が、大きな一つの図としてまとまっていく醍醐味は、他には代えられない喜びである。

私の研究室では、細胞内におけるタンパク質の品質管理機構の研究を続けてきた。細胞がタンパク質を作るとき、幾つもの段階を経て、何重にも監視しながら正しいタンパク質を作り上げる。このときにタンパク質が正しく作られるのを助ける、介添え役のタンパク質もまた存在することを第一章で紹介した。分子シャペロンと呼ばれるタンパク質がそれであり、先に述べた、ＨＳＰ47もコラーゲンというタンパク質を正しく合成するのに必須の分子シャペロンであった。

一つのタンパク質を作るのは、多くのタンパク質が関与する大変な作業なのであるが、一つの細胞の中ではその作業が間断なく続いている。活発な細胞では、１個の細胞の中で

1秒間に数万個のタンパク質が作られている。目のまわるような世界であるが、当然、作りそこないのタンパク質も出てくる。

部品が足りなくなって欠陥品が出てしまうという場合もあるし、せっかく正しく作り上げたのに、発熱するなどして熱エネルギーでタンパク質の構造が歪《ゆが》んでしまう場合だってあるだろう。これを変性という。この変性したタンパク質をそのまま放置しておくと、たとえばアルツハイマー病やパーキンソン病、ALS（筋萎縮《きんいしゅく》性側索硬化症）のような神経変性疾患を引き起こしてしまう。

細胞は、正しく作り上げる機構だけでなく、このような変性したタンパク質を、もう一度再生させたり、分解したりすることによって、細胞に障害を与えないようにする「品質管理機構」をも備えている。まだ全容は明らかになっていないが、どの細胞もこの品質管理機構を備えており、不慮の事態に対処しつつ、細胞を死から守っているのである（図5－2）。

細胞の中には、細胞小器官（オルガネラ）と呼ばれる、膜で囲われ、特定の機能を持った小区画が存在する。小胞体《しょうほうたい》は分泌タンパク質などの合成に特化したオルガネラの一つであるが、そこではタンパク質が多く作られているので、それに呼応してタンパク質の品質管理機構も発達している。

私たちは、20年ほど前に、小胞体におけるタンパク質の品質管理機構に関与する、一つの新規のタンパク質を発見した。その機能を探る中で、次々にその品質管理に関わるタンパク質を見いだすことになり、他の研究者の知見も組み込みながら、おおよその品質管理のネットワークを一つの図にできるところまでこぎつけた。二十数年がかりの仕事である。しかし、このプロセスにあっては、いつこの仕事のゴールが見えてくるのか皆目見当がつかなかったし、いまもこれで完成という実感はない。

研究者とは、常に〈真理〉を求めて活動をする者の謂《い》いである。しかし、〈真理〉とは自分だけでは到達しえない場でもある。多くの人がさまざまの反証を試みて、ついにその反証のしようがないと観念したとき、それがとりあえず現時点での〈真理〉として、認められることになる。

「仮説」を立て、自らその弱点と思えるようなポイントを探し出してはそれを「検証」する。そのような「仮説」と「検証」の絶え間ない繰り返しの中にしか、〈真理〉と思える図は見えてこないものだ。

これを「反証可能性」と呼ぶが、イギリスの科学哲学者カール・ポパーが提唱した説である。反証可能性を「科学」の基本条件と見なし、反証可能性を持つかどうかで「科学」

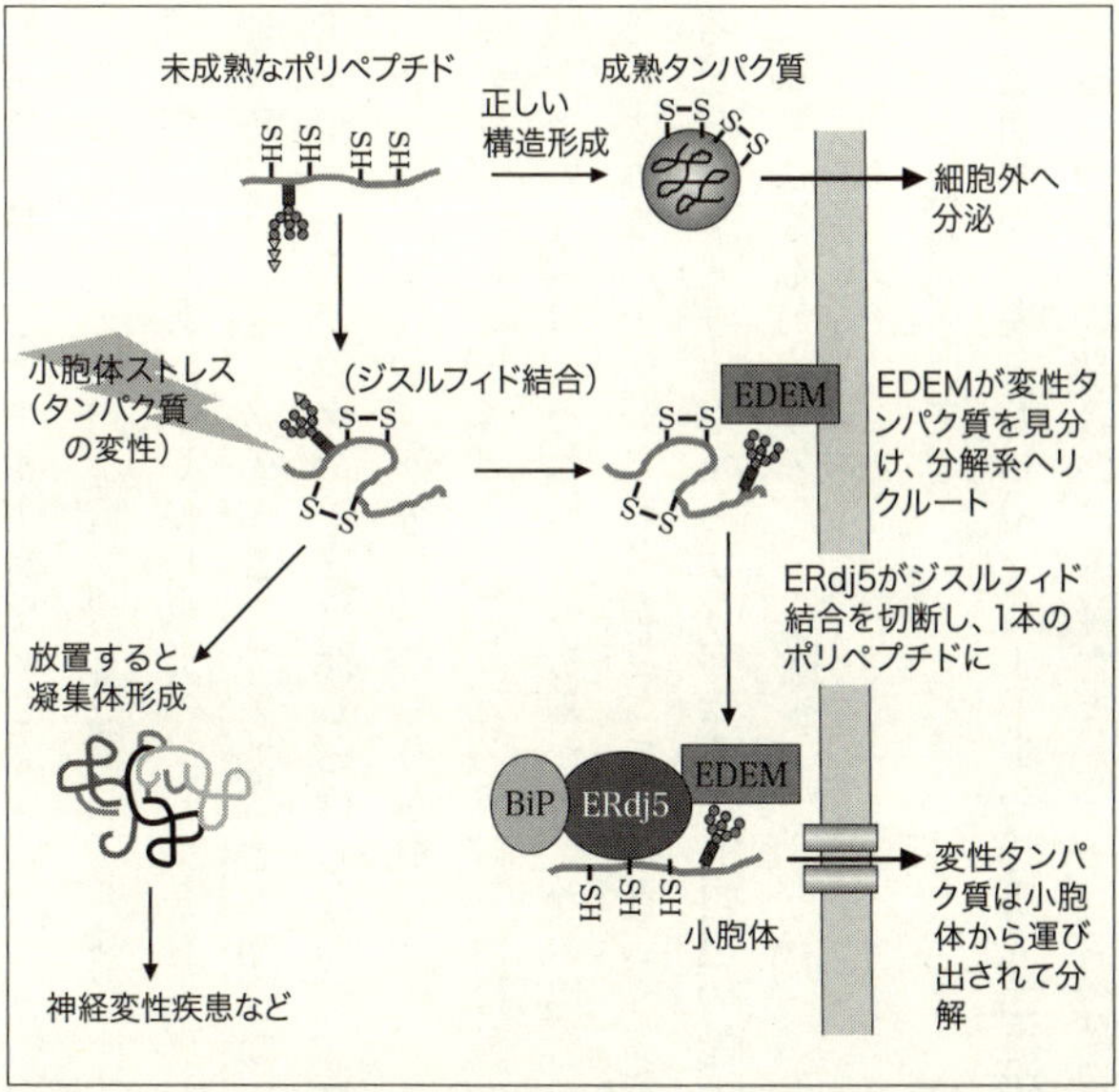

図５－２　タンパク質の品質管理機構（小胞体関連分解）：細胞の外へ分泌されるタンパク質は、小胞体で作られる。正しく合成され、正しい構造をとることのできたタンパク質は、小胞体から細胞の外へ分泌される。ところがすべてのタンパク質が正しい構造にまで到達できるとは限らず、また、せっかく正しい構造をとっても、細胞にかかるさまざまのストレスによって、その構造が乱される（変性）ことがある。このようなタンパク質を放置しておくと種々の病気を引き起こす。小胞体のなかでは、いくつものタンパク質（EDEM、ERdj5、BiP など。EDEM も ERdj5 も私たちの研究室で発見したタンパク質である）が協働して、それら変性タンパク質を小胞体の外へ運び出し、分解するメカニズムを持っている

と「非科学」を分けられるとした。

この説に従えば、「絶対的な真理」などは存在せず、これ以上反証できなくなった説や事実が、とりあえずその時点での、もっとも「真理に近いもの」と言わざるを得ないことになる。シジフォスの如きいつ果てるとも知れない「仮説」と「検証」の繰り返しは、多少マゾヒスティックな傾きを無しとはしないが、反面、大きな喜びでもある。

多くの科学者が、研究には終わりがないとか、これで頂上を極めたという実感を持てないとか言うのを聞くことがあるだろう。それは私も等しく実感するところである。終わり、頂上という場は、それ以上のものが見えない場所を言う。しかし、研究や学問の現場では、そのような頂上にいま自分が立っているという実感を持つことはほとんどなく、それはある意味、アスリートたちが、どこまでも自己の能力の限界に挑戦しているのと、どこか似ているような気もする。

すぐに納得しないで

元同僚で、現在も私のいるＪＴ生命誌研究館に研究ディレクターとして来ていただいている、分子生物学者の吉田《よしだ》賢右《まさすけ》さんに、「どんな教師でも3回質問すれば答えに窮する」

という名言がある。学生が質問すると先生が答える、それに対してもう一度学生が質問する。これを3度繰り返すと、どんなに偉い先生でも自身では回答できない領域に踏み込んでしまうというのだ。

これはまことに実感であるが、サイエンスに限らず、世の中のこと全般に言えるだろう。たとえば沖縄県に米軍基地が集中している問題は、どう考えれば答えが出るのだろうか。誰もが放置してはいけないと思いながら、解決されないまま長い時間が経過している。沖縄に住む人たちに対して「申し訳ない」と思うものの、「では自分たちの都道府県で引き受けましょう」と言う知事はいない。

2019年に米軍普天間《ふてんま》基地の辺野古《へのこ》移設を巡る県民投票があったとき、地元の若い人たちが「考えて、考えて、考えてもわからん」と言っていたのが印象に残っている。その「わからん」を抱え続けることが大事だと思う。現に私たちが生きている社会に存在している問題は、誰かに質問したところですぐに答えが得られないものだらけ。考えれば考えるほどわからなくなっていくものばかりなのだ。

実際、私は学生に、質問に答えてくれた相手に対して、もう一回質問を返す努力をするように言っている。一度で納得するな、と言うのである。

いまの学生はとても物わかりが良く、一度質問するとすぐに「はい、わかりました」と答える。相手に失礼にあたらないように気をつける態度が強いのかもしれないが、質問の趣旨と違うような回答をされた場合でさえ、どことなくあいまいな様子は残しつつ、「はい、わかりました」と引き下がるケースが多いように感じる。

私自身を顧みつつ思うのであるが、どうも日本人は、議論などで相手と違う結論のまま別れるということに違和感を覚える傾向が強いようだ。よく言われるように、たとえば多民族国家であるアメリカ人などは、もともと相手と自分は違う存在だという前提から人と接するが、地域やコミュニティーにおいて均一性が強い日本人は、他と自分が違うということに居心地の悪さを感じるのかもしれない。

議論などでも、最後にはどこかで「折り合い」をつけるという方向へ流れやすいのである。どこかで折り合って、手を打っておかなければ、その違和感が人間関係にまで影響を及ぼすということを怖れるからだろうか。

人の話を聞くとき、あるいは質問に対する答えを聞くとき、聞く側の態度には、二つの傾向があるようだ。一つは、できるだけ相手の言うことに身を寄せて、納得しようと思いつつ聞く態度。いわば学びとその受容を前提に聞くという態度である。「学習」「学修」に重きを置いた態度と言えるかもしれない。もう一つは、相手の説明がそれで十分な説明になっているか、整合性、合理性を点検しつつ、できるだけ自分を納得させないようにしながら聞く態度である。これは学び、かつ問うという意味で「学問」を基盤に置く態度とも言えるだろうか。これが、批判性を内包するのは当然である。

あとの方は、不遜《ふそん》と受け取られることもあり、人間関係ではぎくしゃくすることも多い。しかし私は若い人たちには、できるだけ安易に納得して欲しくないと思う人間である。執拗《しつよう》に食い下がる学生が、それでも時にいるもので、そんなとき、教師として襟を正されるとともに、教師であることの喜びも感じる。

質問を受けるというのは、実は受ける側にも大きな学びのチャンスなのである。自分の用意した答えに、もし反論されたり、納得してもらえなかったりしたとき、教師は一方的に知識を伝授するという役割から、学生とともに考えるという態度に変わらざるを得ない。一つの見方しかしていなかった問題に、別の見方もあることを意識したり、別のロジックからの説得を試みたりする。こんなとき嫌でも複数の視点を実感せざるを得ず、教師冥利《みょうり》とも言うべき瞬間である。質問は、質問をする方に利益が還元されるだけでなく、受ける方にも同じだけの利がある。一度で納得してくれる学生ばかりでは、こんなチャンスに恵まれることも期待できない。

孔子の過激な教育観

どうも初等中等教育だけではなくて、大学教育においても、生徒や学生に親切すぎるのではないかというのが、やや無責任に私の感じるところである。

大学でも、特に私立大学では、「学生はお客さま」の意識が強い。経営的にはそれで仕方がないのだろうが、教師が学生をお客さまと捉えて、一から十まで過不足なく教えるといった状況はまずいのではないか。別の言い方をすれば、教育はサービス業か、という問題と捉えてもいいかもしれない。

『論語』にこんな言葉がある。

「子《し》曰《いわ》く、憤《ふん》せずんば啓《けい》せず。悱《ひ》せずんば発《はっ》せず。一隅《いちぐう》を挙《あ》げて三隅《さんぐう》を以《もっ》て反《かえ》らざれば、則《すなわ》ち復《ま》たせざる也《なり》。」（述而第七）

先生は言われた。「知りたい気持ちがもりあがってこなければ、教えない。言いたいことが口まで出かかっているようでなければ、導かない。物事の一つの隅を示すと、残った三つの隅にも反応して答えてこないようなら、同じことを繰り返さない」。

（井波律子訳『完訳論語』岩波書店）

有名な一節であるが、意味は明らかである。相手が本当に知りたいと思っていなければ、また言葉が口まで出かかってもがいているようでなければ教えも、導きもしないというものである。実は、「啓発」という言葉は、この「不憤不啓。不悱不発」に由来する。「啓発」というと、いまでは上級者が一方的に下級者の蒙《もう》を啓《ひら》き、教えるといったニュアンスで用いられているが、実は、「啓発」は、知りたいと思わないものには教えないという、むしろ否定的な部分に重心のかかった言葉だったのである。どこで逆転したのか私は知らないが、ここには教育という観点から、大切なことが語られていると思わざるを得ない。

教える側は、相手が望んでもいないのに、一方的に教えることは意味がないと孔子《こうし》は言う。そんな押し付けは、逆に学ぼうとする意欲を削《そ》いでしまうことにもなりかねないだろう。いわゆる詰め込み教育の弊害と言っておいてもいいかもしれない。

ついでに言っておけば、「啓発」のあとの孔子の言葉がさらに痛烈だ。四角の一つの隅について教えてやったら、残りの三つの隅のことを推し量れないような奴には、二度と教えてやらない、と言うのである。井波律子《いなみりつこ》さんはやさしく、「同じことを繰り返さない」と訳しておられるが、私は、教えられたことしか学ばないような奴には、二度と教えてなんかやるものか、と強いニュアンスで受け取っている。まあ、いまどきこんなことを言ったら、どの学生も大学に来るのをやめてしまうのだろうが。

安易に「答え」を求めないことが大切であることを述べたが、これを逆に言えば、教師や親の立場からは、すぐに「答え」を与え過ぎないことが大切なのではないかと思っている。孔子の言うとおりである。問えばすぐに答えが返ってくるという場からは、「知る」という喜びの実感は得られない。時間をかけて「問い」を抱えることは、その答えを知ったときに、本当に「知る」という喜びを感じられるものだ。

第三章でも述べ、拙著『知の体力』にも書いたことだが、「知る」ということは、知識を増やすこと以上に、「こんなことも知らなかった自分を知る」というところに意味があるのである。「知らなかった自分」の発見は、おのずから〈知へのリスペクト〉に結びつくはずである。その喜びを得るはずの「問い」の芽を、安易に摘むようなことがあってはならない。「学ぶ」ということは、先人たちの築いてきた「知」への敬意を学ぶことでもある。

非効率な体験が想定外の対応力を養う

日本の大学の多くは、私たちが学生だった時代、教養課程と専門課程に分かれていた。大学1～2年次が教養課程にあたり、この2年間に全般的な学問の基礎を幅広く履修する。「大学2年までは自由に動き回っていいです。その代わり幅広い学問の分野を知り、自分の好きな授業に顔を出し、その間に自分の適性を見つけなさい」というのが教養課程の目的だろう。こうしたプロセスを経て3～4年次の学部（専門課程）へと進んだ。私たちの時代は、教養課程のあとで違う学部に転部する学生も珍しくなかった。

この教養教育、リベラルアーツは、多くの学問分野に接することによって、それぞれの分野でどのような方法論で学問、研究が進められているのかを体験する期間でもあった。理系の学生であった私は、この過程で文学や歴史、言語学といった課目も履修したし、それらはこれから自分のやろうとする専門には役に立ちそうにはないけれど楽しかった。そして、楽しい以上に、それぞれの分野で教授さんたちの拘《こだわ》りといったものがおのずから感じられて興味深かった。さらに言えば、分野は違っても結局は対象に向かう姿勢はそんなに違わないものらしいということも、漠然とした感触ながら感じていたように思う。

その教養課程が廃止されたのは大学設置基準が大綱化された１９９１年以降だ。私は、日本の大学教育の堕落の第一歩だといまでも思っている。

一刻も早く高度なスキルを身につけさせたいという文科省の方針のもと、国立大学の多くは教養課程をなくして入学後すぐ専門課程に進ませるような仕組みに変化した。背景にはある種の効率主義がある。自由に遊ばせているようにも見える教養課程を廃して、いち早く将来の役に立ちそうな専門知識を身につけさせる。企業のための即戦力を養いたいという国の政策としては、そのほうが有益なのかもしれないが、個人にとっては決してそうではないと、私は思う。

将来研究者として立ちたいと思っている学生に、まず教えるべきは、科学的思考とはどのようなものなのかということである。先に述べたような、比較のためのコントロール（対照）をどのように取るのかということも実践的には重要であろうし、それよりも、どのように「仮説」を立て、それを「検証」するには、どのような実験をすればよいかのデザインの方法、さらに結果をどのように解釈し、反証を考えるか。そのような科学的思考の基本に接したこともない状態での専門知識の詰め込みは、百害あって一利なしと言い切っていいだろう。

そんな基礎訓練を欠いた「専門家」は、さまざまな場面で想定外の出来事に出会ったとき、どう対処すべきかという訓練ができていない。自らの専門知識で対処できない事態に遭遇したとき、唯一頼りになるのは、科学的に考えるとはどういうことかという基本的な姿勢と、自らが持っている他分野を含めた雑多な知識の総動員である。一分野の知識しか身につけていない人間では、想定外の出来事への対応に限界がある。引き出しを豊富に持っていることが重要であり、その引き出しの多さが、想像力および創造力を呼び出すのである。

失敗へのチャレンジ

先に、教えすぎないことの大切さということを述べたが、いま一つ、わが国の大学などにおける高等教育で考えなければならない問題として、失敗を学ばせることの大切さということがあるのではないか。

理系の課目には、高校の理科の実験、大学の生物学、化学、生命科学の実験など、実験の基礎的手法を学ばせるための時間が多く取られている。ほとんどの場合、詳しく手技の説明があり、試薬を加える順序を含めて、懇切丁寧な実験のプロトコールが書かれている。

それは多くは手技を学ぶ場であるから、やむを得ないといえばその通りなのだが、生徒、学生がやることは、その書かれている通りの順序で、書かれている試薬を、書かれている分量だけ加えていくといったものである。多くは班にわかれて実験を進めるが、ほぼすべての班で同じ結果が出るはずで、出なければ、どこかで書かれているのと違ったことをやってしまった、ただそれだけのことである。

これは「失敗」ではあるが、研究の場における「失敗」とはまったく別物である。書いてある通りにやればうまく行くはずのものを、それを間違えたからうまく行かなかった。ある意味、不注意からの失敗である。こんな失敗は褒められたものではない。こんな失敗だけしか経験していない学生は、実際の研究の場において、うまく行かなかったときに、その「失敗」を自分の落ち度であるかのように捉えてしまう。誰もが踏むべき必然としての〈失敗〉というものを経験していないからである。

しかし、実際の研究現場の失敗は、誰にも答えがわからない問題への挑戦なのである。失敗をして当然である。失敗というよりは、思いどおりの結果が出なかったということの方が多いだろう。そんなことは当然あり得ることと思って、なぜ期待したような結果が出なかったかをみんなで考え、議論して次の実験計画を立ててゆく。そのプロセスこそが研究の現場なのである。

そのとき、失敗することに耐性ができていない研究者は、その失敗続きのプロセスに耐えられないことが往々にして見られる。自分の能力を恥じるという以上に、毎日うまく行かないデータにつき合うことに耐えられないのかもしれない。これまで成功体験しか持ってこなかった学生には、その傾向が強いように思われる。

手技や方法論を教えるための実習の講義で、このような当然起こるべき失敗のプロセスを組み込んだ実験をデザインするのは、なかなかむずかしいことであろう。しかし、どこかで〈必然的な失敗〉を経験させ、そこから立て直すという体験を組み込んでおいたほうがいいと、私は考えている。

実社会では「失敗」は基本、許されないことである。失敗をしたら謝るし、二度としないと自分を戒めるであろう。しかし、唯一失敗が許される世界がある。それが研究の世界であり、サイエンス、科学の世界なのである。私などは逆に、失敗しないようなサイエンスをやっていては駄目だとさえ言ってきた。

失敗は失敗のまま捨てられてしまえば何の意味も価値もないが、失敗したことの意味を考えるところから、予期せぬ発見が生まれるのである。人間が考えて、こうなるはずだとして組んだ実験が、その通りの結果になったところで、そんなものは所詮《しょせん》想定内の事実、たかが知れている。自然の驚異は、私たちが想像して組んだ実験の枠をはみ出したところにこそ、その横顔を見せるものだ。

失敗を怖れて、結果の見える安全な実験を組むのではなく、知りたいことを何より優先して、それに大胆に迫る。私はそれを「失敗へのチャレンジ」と呼んでいる。「失敗へのチャレンジ」が許され、むしろ推奨される唯一の場、不思議な場がサイエンスという世界なのであり、科学者という職業であるのかもしれない。

自分の仕事と同じように人の仕事をおもしろがれるか

私は、２０１０年に京都大学を退職するとき、そして２０２０年に京都産業大学を退職するとき、都合、２度の最終講義を行ったことになる。京都産業大学の最終講義には、共著者の大隅良典さんや東京都医学総合研究所理事長の田中啓二さんなども来てくれて、話をしていただいたのだが、その場で私は、「永田研の家訓」といったことを最後に述べた。

ちょっと項目だけ挙げてみると、

1. 自分の仕事と同じように人の仕事をおもしろがれるか
——質問ができるように人の話を聞く
2. いくつかの可能性があれば、もっともおもしろい可能性から択《えら》ぶ
——確かな一歩のために、できるだけ遠くを見る
3. 自分のいるこの場所だけが世界だと思わない
——自分の可能性を自分で測らない
4. 私が会ったすぐれた科学者は例外なくおもしろかった
——互いに信頼し、尊敬できる仲間との出会い

となっている。文字としてなんだか「おもしろい」ばかりが目につくが、まさにこの「おもしろい」という一点が、サイエンスに私を繋ぎ止めてきたものであろう。最終講義のタイトルも「おもしろさを択び続けて40年」というものだった。もう紙幅がないので、ここではこのなかの第一点についてだけ、最後に述べておきたい。

第三章で、「議論こそサイエンスの基本であり、議論をしている時間こそが研究者としてのもっとも大きな喜びである」という趣旨のことを述べた。これはまことに実感である。

そして、幸いなことに私の研究室では、誰もが積極的に議論に参加してくれている。

昔は私も若く、短気なところもあって、年に一度くらいは教室で大爆発をしていた。たいていは、成果の発表会のプログレスレポート（進捗《しんちょく》の報告）の場であったような気がする。せっかくの結果の発表に、他の教室員から質問が出ないときにこの爆発が起きたものだ。卓袱台返《ちゃぶだいがえ》しこそなかったが、机をたたき、もう研究なんかやめてしまえ、とかなんとか怒鳴って部屋を出たこともあったはずである。

そんなことが何度かあって、徐々に、研究室の伝統として、たとえ他の人の発表であっても、積極的に質問をし、議論をするという雰囲気が定着していったのだと思う。学会などでも、私の研究室の学生たちが目立って質問をしているのなどを見ると、内心しめしめと思うこと頻《しき》りである。

人の発表に質問をする。質問がないということは、理解できないのか、興味がないのかのどちらかであろう。理解できないのであれば、なぜ理解できないのか、発表者の側に問題があるのか、自分の知識が不足しているのか、その確認のためだけにでも質問をすべきである。

問題は興味を持てるか持てないかである。研究者なら誰でも自分の仕事はおもしろいと思っている。しかし、君が研究者になりたいのならば、人の仕事を自分の仕事と同じようにおもしろがれるようでなければ、研究者には向いていないと、研究室の若い人たちに言ってきた。いまでもそのように思っている。

もし、人の仕事を自分の仕事として受け止め、考えるならば、その発表を聞いて質問がないということはありえないはずである。実験の細かい条件などは当然気になるだろうし、コントロールが正しく取られているか、結果の解釈は発表者の言っているものだけでいいのか、別の考え方や、解釈の仕方はないのか、などなど、聞きたいことはいくらでも出てくるはずである。そこに、自分ならこんな工夫をした実験を計画するが、とか、こんなおもしろい可能性があるのではないかなどの議論が出てくればしめたものである。事実、私の研究室の発表会では、30分の発表があれば、ほぼ倍以上の時間の議論が展開される。その議論をいちばん楽しんでいるのは、私であるのかもしれない。

自分のことには興味があるが、他人の仕事には興味を持てない。そんな人は、たぶん研究というある意味過酷な現場には、耐えられないだろう。いろいろなものに興味を持てるということ、すなわち好奇心が旺盛《おうせい》であること、これは研究者、学者にもっとも必要とされるところである。自分の仕事がどんなにうまく行っていても、あるいは逆に、自分の仕事がスランプに陥ってまったく成果が出ないときも、誰かがおもしろい話をしたり、おもしろいデータを出したりすると、自分のことだけに構っていられなくなって、それを考えることに夢中になってしまう。そんな好奇心が私たち研究者を動かす大きな力になっているというのが、実感である。

研究をなんのためにやるのか。社会的にカッコいい言い方をすれば、社会の役に立つ研究をしたいとか、科学技術の発展に寄与したいとか、原因のわからない病気の克服に貢献したいとか、いろいろの理由が考えられることだろう。それらはもちろん正しいことであり、ある意味、役に立つ研究は、私たちのように公的な研究費をいただいて遂行している人間には当然意識しなければならない問題ではある。

しかし、研究者としての長い経歴を持つ一人の人間として言わせていただければ、役に立ちたいというモチベーションから自分のテーマを選んだことはほとんどなかった気がする。私の発見した、コラーゲン特異的分子シャペロンHSP47は、いまでは、決定的な治療法のない肝硬変、肺線維症などの線維化疾患の有望なターゲットになっているが、この仕事は第一章で述べたように、もとよりそのような目的で始めたものではなかった。役に立つというのはあくまで結果である。

Curiosity-drivenという言葉がある。「好奇心に突き動かされて」と訳せばいいのだろう。そう、多くの研究は、研究者の飽くなき好奇心がドライブしてこそ進展するものであり、その中でこそ、目覚ましい飛躍がもたらされるものなのだろうと思う。基礎研究のほとんどすべては、この好奇心に導かれてなされたものだとさえ言い切っていい気がする。

写真5－1　「七人の侍」講演会のあと、旅館での飲み会の前に。後列左から伊藤維昭京大名誉教授、大隅良典さん、前列左から藤木幸夫九大名誉教授、吉田賢右東工大名誉教授、三原勝芳九大名誉教授、田中啓二東京都医学総合研究所理事長、そして永田。中央の「七人の侍様御席」と、もう酒瓶を提げている伊藤さんに注目

つまり「永田研の家訓」の中で述べた、「自分の仕事と同じように人の仕事をおもしろがれるか」は、まさに好奇心のある無しが、研究者になれるかどうかの基準であるということを言っているのである。科学者であろうとなかろうと、私が「ヘンな奴」が好きなのは、「ヘンな奴」というのは、たい

ていの場合、好奇心が人間の皮を被って歩いているようなおもしろさがあるからであり、そんな奴とつき合っていると、どんどんこちらの好奇心が刺激されて、開放されていくのを感じるからなのである。

好奇心が弱くてと嘆く人もいる。最初から好奇心に満ち満ちている人などごく少数である。いろんな人との付き合いの中には、どんどん好奇心がしぼんでいく付き合いもあるし、逆に、自分には考えられなかったような好奇心を刺激して、活性化してくれる付き合いもある。好奇心などというものは決して先天的なものではないのである。

私には、世間で「七人の侍」と言われている科学者の友人、仲間がいる（写真5－1）。共著者の大隅さんや、先ほど述べた田中さん、吉田さんなどの同世代の友人である。みんな70歳を越えた老人ばかりになってきたが、その好奇心の旺盛なのを見ているだけで、この仲間を得たことの幸せを思うのである。若い人たちには、ぜひ、自分の好奇心を突き動かしてくれるような友人を得る努力をして欲しいと願っている。

先にあげた「永田研の家訓」のすべてを述べる余裕がないが、それぞれの短いフレーズを、読者の方々が自分の好きなように膨らませて、考えていただければうれしいことである。

第六章　科学を文化に

大隅良典

科学を身近に感じるために

私はさまざまな機会に、「科学を文化の一つとして認識して欲しい」と発言している。この章では、その意図について述べてみたい。

近頃、若い人から、しばしば「趣味は何ですか」という質問を受ける。趣味は職業とは別に、人間が生きる上で大切なものだと思うからだろうか。それとも、相手を知る上で大事なことが見えると思うからだろうか。

取り立てて趣味とまで言えるものがない私には、あまりうれしくない質問だ。音楽を聴くのも、絵画を見たりすることも好きだが、それがなくては、というほどではない。自分自身が演奏したり、絵筆や文字で自由に自己表現ができれば、自分の人生がどんなに豊かで楽しかっただろうとも思う。

しかし私には、音楽や絵画の才能はないし、文章を書くのも苦手で、詩を書いて発信する能力もない。スポーツはといえば、もっと才能がないことを小さい頃にいやというほど味わってきた。努力して挑戦しないからだ、と言われそうだが、こればかりは自分がいちばんよくわかっている。私の幼少期は戦後のまだ貧しい時代で、いちばん大事な発達期に何か栄養が足りなくて、大切なものを育てることに失敗したのだろうと勝手に思うことにしている。

現実の生活とは離れて、趣味に生きるという考えがあるかもしれないが、それだけではいまの社会が抱えている大きな問題を解決する力は生まれてこないのではないだろうか。

現代では、すべてを経済的な指標から評価する風潮が蔓延しているが、人間は経済効率だけで行動しているわけではない。実は誰もが文化は人間の大切な営みで、社会の豊かさを測る上で大事な指標であると思っている。だが昨今、日本で文化がどれだけ大事なことと認識され、皆が日常の中で身近なものと感じているかには疑問を感じる。

2020年1月に、初めてロシアを訪れる機会があった（写真6‐1）。学生時代にはロシア文学を読みあさったこともあったので、憧れの国の一つだったのだが、ソ連時代のさまざまな報道もあって、自由で豊かだというイメージは持っていなかった。しかし、案内されたモスクワ大学には、歴史ある大きな建物や立派な講堂が保存され、大学の博物館の素晴らしさにも感激した。ロシアで、この大学が歴史の中にしっかり位置づけられていることを知るに十分だった。

写真6－1　ロシアアカデミーでの挨拶（モスクワ）

　モスクワ滞在中に急にチケットをアレンジしてもらって音楽会に行くことになったが、会場の雰囲気から市民にとってコンサートがとても身近なのだと感じた。劇場やバレエなどの施設が市内のあちこちにあるのにも驚いた。

　残念ながら急ぎ足の訪問となったサンクトペテルブルグのエルミタージュ美術館では、修復や保存のために実にたくさんの人が働いていて、文化財が大事にされていることを知った。館内では、小学生くらいの子どもたちが、先生らしき人を中心に絵画の前で車座になって熱心に議論していた。こんな年齢の子どもたちがいったいどんな議論をしているのだろうか。

実はこのような光景は欧米では珍しくはない。日本だと、音楽会や演劇、バレエなどはチケット代も高価だし、どうしてもよそ行きの雰囲気になりがちだ。日本の美術館では黙って静かに鑑賞することが当たり前で、子どもたちが絵の前に座って議論する場面に出くわしたこともない。こういった違いを目の当たりにして、ロシアでは文化的な活動が、市民の日常の中に溶け込んで、しっかり根付いていることを肌で感じた。

もう8年も前になるが、ノーベル賞の授賞式で過ごしたストックホルムでの1週間でも印象深い経験をした。午後3時頃には暗くなる12月のストックホルムは、古い街並みの落ち着いた美しい街だった。ノーベルウィークには受賞者を一人一人紹介するための1時間番組がテレビで放映される。そのためにスウェーデンから取材班が事前に、大磯《おおいそ》にある私の自宅にもやってきた。幼少期からの生い立ちから、現在の日常生活や通勤についてまで様々な質問がなされる。帰り際にはインタビューに同行していた女性が玄関先で厳かな歌曲をあたりに響く声で披露してくれたのには驚いた。

番組は、私が1945年生まれなので、原爆投下の話から始まり、小さい頃の写真が映され、オートファジーの研究に至った経緯が語られる。大学にも半日きて、研究室の風景の収録がされた。

その番組がスウェーデンで放映されたからだろう、市内を歩いていると「テレビを見ました」「素晴らしい研究をなさって」と、おばあさんや一般の方が話しかけてくれた。人々の科学に対する敬意を肌で感じた。科学的な内容とは離れてただ騒ぐ、日本のマスコミ報道とは大きな違いである。１００年以上の歴史を誇るノーベル賞を通じて、スウェーデンでは、科学が市民の間で身近なものになっていることを感じた。

終わりのない仮説と検証のサイクル

世界中を混乱に陥れた新型コロナウイルス感染症は、科学のあり方も含めて、実にたくさんの問題点を浮き彫りにした。短期間にコロナウイルスそのものはもちろん、感染機構、治療法に関する研究が世界中で、凄《すさ》まじい勢いで進められてきた。ウイルスの遺伝子情報に基づきメッセンジャーＲＮＡワクチンという画期的な手法がわずか1年で実用化されたことなどは、国際協力のあり方など不十分ではあるものの、人類の叡智《えいち》の成果である。

反面、コロナに関して、世界各地で科学的であることが軽んじられる言動の危険性も明らかになった。過激な言葉や単純なキャッチフレーズによって、事実を認めようとしない短絡的な行動に走ることの危険性も明白に示されることになった。

毎日繰り返されたコロナ感染症に関するテレビなどでの報道のあり方にも、的確な説明をしない政府の態度などにも多くの人が違和感を覚えたであろう。何事にも違った角度からの多様な意見が出されることは重要だが、さまざまな〝専門家〟が、それほどの根拠もなく自説を述べる。その発言者の背景や、何よりも主張の拠《よ》り所となる客観性のあるデータが示されることは少ない。

メディアはといえば、評価を避けることが常態化している。ある意見と、それに真っ向から反対する意見を並列的に取り上げることで、一見公平性を担保しているフリをしているのだ。

情報はあふれるほど提供されるが、一般の人は何をどう理解したら良いのか混乱を深めている。結果としてあらゆる意見が相対化されて、真実が何かを追究することが難しいと多くの人が思ってしまう。

この傾向は若い世代に大きな影響を与えているに違いない。第四章でも記したが、アンケートで「わからない」と答える人が多いという話に通底する。自分の意見を表明することに臆病になっているのだろう。

国の研究機関に勤めていた友人が、以前こんな話をしてくれた。研究所や国のプロジェクトの方針を決定する重要な会議は、何回かに亘《わた》って開催される。1回目に、自分が意見を述べると、皆が感心して聞いてくれる。ところが、2回目、3回目と同じことを話すと、「またか」という雰囲気となり、数回の会議の後にはあらかじめ用意されていた結論に落ち着いてしまうというのだ。ただただ平行線を辿る国会の不毛な質疑を見ても、第四章でも述べたような議論のあり方、議論の重要性がまだ浸透していないのではないかと思う。

科学の世界では、それまでの知見や理論に基づいて一つの答え（仮説）を想定する。次にそれを証明する方法を考える。一つの問題でもそのアプローチの仕方は実にたくさんあり、どれが正しい答えにたどり着くかはわからない。最初に想定した答えが正しいとも限らない。

科学の世界でもっとも大切なことは、検証する過程があることだ。得られた結果（データ）をもとに一つの結論を出す。その結論は大きな問題であればあるほど、多くの人によってすぐに検証されることで定説となる。間違っていれば修正され、あるときにはその結論そのものが否定される。

様々なことが矛盾なく説明できるまで、そのサイクルが繰り返されてより正しい答えにたどり着く。さらに科学の世界は一旦《いったん》どれほど正しいと思われた答えでも、説明できない事象が発見されて、新しい展開が始まるという終わりのない世界である。

社会的な課題も同じように、社会科学として解き明かされるべきだろう。もちろん、自然科学の対象よりも複雑で多数の因子が絡むので、はるかに難しいだろうし、方法論もまだ確立されていない。自然科学の研究者が行うような、一つの条件だけを変えて実験することも不可能である。

しかしいずれにしても大事なことは、一つの結論を得るにはその根拠となるデータが示される必要があるということだ。それによって初めて結果を分析・評価し検証を行い、次の提言に反映させていくことができる。

現代における科学の役割

私が子どもだった頃は、まだ我々が住む地球はほぼ無限だと思えるほど大きかった。その後、技術の進歩により、交通手段や通信技術の革新が進み、人間の行動範囲も飛躍的に広がり、相対的に地球は小さくなった。地球上のどこへでも短時間で行けるし、現在では世界中の情報が瞬時に届く。

子どもの頃は、ときどき台風が来るものの、大きな洪水も地震も経験することなく、大地は揺るがない不動のものに思えた。しかし、人間活動の広がりによって今日では、地球温暖化、気候変動、地震や台風などの自然災害も年々巨大化している。以前は問題にもならなかった海洋汚染、プラスティックのゴミなどによる環境破壊もある。多くの生物種の絶滅によって、地球上の生物多様性も失われつつある。石油だけでなく人間が利用できる資源にも限りがあり、我々が住む地球は無限の復原力を持ってはおらず、有限であることを否応なく実感する。これらの地球規模の問題は、人類の火急の課題である。

また、先端医療、それにまつわる生命倫理の問題、さらにはＡＩなどの最先端技術のもつ可能性と未来社会のあるべき姿、富の偏在、格差の拡大など人類の未来を左右する課題は、いずれも科学と技術の進歩によってもたらされたものだ。感染症の克服は人類の古い課題であるが、今回の新型コロナウイルスの広がりの原因の一つは間違いなく今日の人間活動の広がりにある。

人間活動、科学の進歩を逆戻りさせることはあり得ないので、これらの問題は社会科学も含めた科学の総合的な発展なしには解決しない。そのために大事なことは、科学を自分たちの手の届かないところで科学者たちが進めているものと考えるのではなく、自分たちの未来に関わることとして捉え直すことだろう。確かに急速に進歩してきた科学をその細部まで理解することは、たとえ科学者でも不可能だ。しかし科学の営みも人間の活動の一部だと知り、歴史的に捉えて理解しようとすることが必要だろう。

まずは科学とは何かを考えてみよう

長らく日本では、科学と技術は一つのものとして捉えられてきて、「科学技術」という言葉で語られてきた。科学は技術のための基礎という考えが定着している。

しかし科学（サイエンス）は、技術（テクノロジー）とは明らかに違った概念である。科学は「発見」という言葉で語られる、自然の持つ構造や原理・法則性に関する人類の蓄積してきた知の体系である。したがって科学は未知の課題に対する予見性を持つ。一方、技術は、人類の福祉や利便性に貢献する人工物の創造に関する知識の体系であり、「発明」という言葉で表される。科学による知は人類に共有される性格を持つのに対して、技術は発明者に利権が生じる。ニュートンの古典力学の体系やアインシュタインの相対性理論が前者の例であり、蒸気機関、コンピューターなどが後者に属する。

近年、科学の進歩が短期間で新しい技術を生み出し、技術の進歩が新しい科学の世界を切り開くという相互の関係はますます緊密になり、その境界は曖昧《あいまい》なものになってきている。

しかし両者が厳然として「違う」という認識は大変重要だと思う。なぜなら、日本では、科学の価値を「如何《いか》に役に立つか」という視点でのみ評価する風潮が根強く、その風潮に対峙《たいじ》する上で、重要な視点だと思うからだ。

経済的に豊かになることは確かに大切だが、前述のように人間の活動のすべてが経済的な指標で測られるものではないことは明らかだ。ところが、科学の話になると途端に、「何の役に立つのか?」という質問が発せられる。なぜだろうか?

大学院生からこんな話をよく聞く。家に帰って、自分の研究の話をすると、親からは「それって何の役に立つの?」という質問を受ける。これは、科学は無条件に役に立つと思われていることの表れであろう。学生がこれに的確に答えるのは結構難しく、自分の研究に迷いが生じる。学生自身も自分の研究の意義や社会における役割などを、考える機会がほとんどないのだろう。

科学と技術が一つのものとして語られる日本では「科学は役に立つか立たないか、という観点では測れない」と言われても、ピンとこない方も多いかもしれない。では、小惑星探査機の「はやぶさ」の快挙にはどのように感じただろうか。地球の起源を辿る大きな第一歩として、宇宙への夢を拓くことに多くの人がワクワクし、感動を覚えたのではないだろうか。素晴らしい科学上の発見に感動したり、ノーベル賞の受賞の報や新しい科学上の発見に感動したりする。その大半が、直ちに私たちの生活に役立つわけではないにもかかわらず、多くの人が喜びを感じる。

私は野原や道端の植物が好きで、ただ眺めているだけでも楽しい。しかしその植物の名前を知り、葉や花の形をじっくりと観察する中で、それが小さな植物が生きのびるすべと結びついていることを知ると、その巧妙なまでの戦略と生命の不思議さに驚かされる。植物を通して世界を見る眼が豊かになることをいつも感じる。これも役に立つこと、経済的なメリットに繋がることを期待してのことではない。科学的な知識を持つことで、視野が広がり、人生は豊かになる。

何気なく使っている道具も、その原理やそれを使った工夫などが理解できるとうれしい。

これは子どもが「なぜ?」「どうなってるの?」という質問を投げかける行為そのものだ。

科学は人間が生来持っている知りたいという欲求、知的好奇心から発するものである。子どもの頃は持っていたさまざまな疑問が中学校、高校と年齢が上がるにつれて、徐々に失われてしまい、疑問すら抱かなくなってしまう。これでは大人になると、人間の持っている大事な本性を忘れてしまうのではないだろうか。

科学の価値も、芸術やスポーツなどと同じように、役に立つかという視点ではなく、未知のことが解明されることを人類の共通の資産として純粋に楽しむ社会であって欲しいと思う。私が「科学を文化の一つに」と考える真意である。

科学や技術の評価には時間がかかる

科学の進歩が、地球上における今日の人類という一つの種の繁栄をもたらしたことは、紛れもない事実だ。したがって、科学は国家の発展、繁栄にとって重要だという認識から、国家の事業の一つとして位置付けられている。

私はもう半世紀に亘って基礎生物学の研究に携わってきた。つい最近まで長い間、基礎的な科学研究は国が支えるものだと考えていた。学生時代には、産学協同は科学の発展を歪めると思って反対した。実際に私のこれまでの研究はほぼすべて、科研費など国からの研究費によって行ってきた。その点では私は本当にいい時代を過ごし、恵まれた研究者だったと思っている。

しかしいま、日本の基礎科学は大変危機的な状況にある。すぐに出口が見えない、応用研究に繋がらない基礎科学は研究費をなかなか得られない。基礎研究に携わる人の数も減って、若い世代の基礎科学への関心が薄れてきている。我々の時代は、「役に立つかなどは考えないのが理学である」と言っていたが、近頃は、そんなことを言うと学生から反対に「国のお金を使って役に立たないことをやっていいんですか」と言われたりする。

もちろん科学が社会の大きな変革の原動力になってきたことは明白な事実だし、「役に立つな」「役に立つことをするな」と言いたいわけではない。しかし安易に使われる「役に立つ」という言葉の意味を真剣に考えてみる必要があると強く思っている。

多くの学生にとって「役に立つ」とは、社会に出て、数年先に社会に実用化できる製品を生み出すことのようだ。これはこれまで多くの企業が追求していることとまさに同じである。革新的な技術が開発されるまでには、長い時間をかけた基礎的な研究が必要である。

たとえば、最近のもっともホットな話題であるコロナウイルスに対するメッセンジャーRNAワクチンの開発を見ると、まったく新しく強力な手法がわずか1年で開発されたように見えるが、実はそのためには10年ほどの基礎研究があったという厳然とした事実がある。数年で開発されたことの多くは、数年でとって代わられる。一見素晴らしいと思われた技術や製品が、数年後に有害であることがわかることも多くの例がある。

このように役に立つかどうかについては、実は長い年月の後に検証されるものだろう。基礎科学の価値を評価するには、少なくとも10年、20年、時には何十年もの時間が必要かもしれない。

これまでも述べてきているように、私がオートファジーを研究してきたのは、私自身は何かの役に立てようと明確な目標があって進めてきたわけではない。純粋に目の前に見える細胞内の、ものの分解の仕組みやその意味を解明したいと思ってやってきた。

しかし我々の酵母を使った基礎研究は新しい研究領域を拓くために大いに貢献した。そしていまでは、世界中で多くの研究者がオートファジーの研究に参入し、細胞の持つ基本的な機構であることが認識されるようになった。

さらにがんや生活習慣病、アルツハイマー病やパーキンソン病などの神経変性疾患などさまざまな疾患に関わることが見いだされ、創薬研究も精力的に進められるようになった。

研究の発展に必要な条件は、研究費と適性を持った人材であろう。私を含め、多くの基礎科学の研究者が重要性を訴えているためか、日本における基礎科学の振興も言葉としては叫ばれているが、現実はむしろ厳しさを増している。財政が厳しいという理由から特定の分野の基礎研究を中断してはならない。

一見、無関係に見える研究が重要な意味を持つことがわかることもある。科学は過去の知識や経験に依拠しながら発展するものなので、継承性が重要である。

役に立ちそうだと思えることや流行の研究だけに研究費を投資する選択と集中が過度に進むと、新しい大きな課題を見逃すことに繋がり、研究の多様性が失われる。研究費が得られなくなると、研究成果が得られなくなって、次の研究費も得られなくなるといった負のスパイラルが生じる。その結果、継承されるべき資料や知識が途絶えたり、その領域を担う次世代の研究者が育たなくなる。

一旦ある分野が衰退すると、それを取り戻すためにはたくさんのエネルギーと時間が必要になってしまう。今回のコロナ禍でも、日本におけるウイルスの基礎研究者が近年激減していることが露呈した。ワクチンに関する基礎研究も日本では経済効果から判断して、多くの企業が撤退し、大学における基礎的な研究も進めるのが困難となってしまった。今回もコロナウイルス感染症に関する大きな予算措置が行われたが、その多くは対策的で、基礎研究の充実を図るという長いスパンの施策はほとんど見られなかった。研究には、長い時間の継続性がとても大事で、その時々の課題に振り回されてはならない。

私は、このような状況を見るにつけ、科学を推進するための研究費が、１００％国に依存することに疑問を感じ始めた。研究者が、国の政策に合致した研究をせねばならないと自己規制をすることの方が危険だと思うのだ。

国に依存しない基礎科学研究の支援

アメリカのハーバード、プリンストンなど、著名な私立大学は、独自に強大な財政基盤を持っている。州立大学でも州からの資金の比率は驚くほど低い。ドイツのマックス・プランク研究所のような名高い研究機関や大学も、その多くが独自の財政基盤を持っていて、国の予算に完全に依存しているわけではない。その結果、運営方針もある程度、国から独立している。このように、科学は国家だけが支えるのではなく、科学者を含む社会全体で支えることが必要なのではないか。

私はそんな思いが募って、７年前の２０１７年、基礎科学の振興を目指す財団を立ち上げようと決心した。

財団といえば、アメリカで科学研究費のもっとも大きな組織はＮＳＦ（National Science Foundation／国立科学財団）で、それ自体が財団である。さらに、巨額の資金を有するロックフェラー財団、ハワード・ヒューズ医学研究所、ビル＆メリンダ・ゲイツ財団などで、巨大な資産を背景に多額の研究費が支援されている。また、アメリカにはＭＤアンダーソンがんセンター、セント・ジュード小児病院のように、個人の寄付を基盤とした巨大な研究施設が、臨床のみならず、基礎的な研究でも大きな役割を演じている例も多数ある。

日本にも、それに比べれば規模ははるかに小さいが、科学を支援する財団はすでに多数存在している。多くは大きな成功を収めた企業創業者などの篤志家による寄付を原資としている。我々の分野でも、藤原科学財団、武田科学振興財団、稲盛財団、上原記念生命科学財団、山田科学振興財団などが、長い実績を持っている。最近はさらに多くの企業が積極的な社会貢献の一つとして財団を作り、若い研究者や留学を支援するなど様々な活動に乗り出している。

こうして大学や国立の研究機関しか知らなかった私だが、７年前に財団を一般財団法人として立ち上げ、１年間の実績により公益財団法人として認定された。

しかし私が始めた財団は賞金の一部のみを原資としてスタートし、活動の中で寄付や様々な資金を得ながら発展を目指すという、ある意味では新しい実験だと思っている。立ち上げたとき、「このような試みはすぐに必ず失敗する」という意見がネットに現れた。そうならないために我々は様々な試みを続けていて、いま8年目を迎えた。活動の幅を広げ、着実に発展してきている。

写真6－2　大隅財団の第2期研究助成贈呈式（2019年4月）。一般基礎科学分野9名、酵母分野3名の計12名の研究者に助成することが決まった

我々の財団の最大の特色は、活動に賛同し積極的に協力してくれる多くの優れた基礎生物学分野の研究者に支えられているという点だ（写真6－2）。研究助成についてはとてもユニークだと自負している。

これまでの多くの財団の助成が、すでに高い評価を得ている人を対象としているのに対して、私たちは独創的なアイデアで基礎的な課題に挑戦しているが、なかなか研究費に恵まれない研究者や、長い時間を要する研究、様々な理由で継続が困難な優れた研究を対象としている。たとえば、地方大学でおもしろいことを考えていて、小さなラボで研究しているが、まだ成果を出しにくい状況にある、という場合、現状の研究費の配分システムでそれを審査する側が見抜いてくれるかといったら、非常に難しいと思う。

私たちは同じ研究者目線からそういった研究を発掘し、支援しようと考えている。ただこれは言うのは簡単だが、審査する側の力量が問われる。同じ生物の分野でも、すべての領域の状況をわかっているわけではないし、その研究の将来のインパクトの大きさなどは簡単に評価できない。

できるだけ自らの発見に基づき、新しい研究に挑戦している人を支援したいと考えている。多額な支援ではなくても、この支援で研究の発展の契機をつかめたというメッセージが多数寄せられている。この財団の趣旨を理解して応募する人の数も増えてきている。

財団の目的としてもう一つ、大学と企業の間に、より建設的な関係を構築することを掲げている。

これまで記してきたように、現在、大学では国の予算が絞られて貧困化が進み、資金を得るために、企業との共同研究が奨励されている。その結果、本来大学で進めるべき基礎的な研究よりも、応用に結びつきやすい研究が奨励されることになる。

しかし企業の開発研究は、明確な目標のもとに多額の資金と人を投じて進められるものであり、小さな大学の研究室が同じ方向を向いて研究を進めようとしても無理がある。一定期間で成果を挙げ、利潤に繋がることが求められる企業の開発研究とは違い、大学には企業にはできない基礎研究を進める、といった役割の明確化が必要だと思う。

ただ研究費が得られるという理由から、大学の研究が、応用研究だけに傾斜したり、企業の下請けになってしまっては、大学の研究力はますます低下し、人材を育てるという大切な役割が果たせなくなるだろう。

すでに述べたように、財団の活動のおかげで様々な業種の企業のトップの方と話をする機会がたびたびある。財団の趣旨に賛同してくださる人がたくさんおられることに勇気づけられている。いまの日本の研究の状況に危機感を持っている企業経営者は確実におり、多くの人から、もっと大学は基礎研究に取り組んで欲しいという意見が寄せられる。企業を訪問する機会も格段に増えた。大学の研究室にこもっていては決して経験することができなかった新しい発見があり、楽しみでもある。大学にいると想像できないほど職場環境の整備が進んでいる企業があることも知った。自由に議論や談笑ができる空間、新しい会議室の設計、開放的かつ素晴らしい工夫がなされた食堂など、大学よりもはるかに先進的だ。

ぜひ大学の教育改革を進める官僚たちも、大学はもちろんだが、こうした企業にも足を運んで欲しい。霞が関の古い建物で、深夜まで残業に明け暮れる国家公務員の生活では理想の大学教育環境を想像するのは難しいのかもしれない。

現在の激しいグローバル化の流れの中で、企業の国際化は大学人が考えているよりはるかに速いスピードで進んでいる。新たな事業を展開するためには、博士課程を修了した人材がもっと必要だという意見が強い。

人材の育成という視点からは、大学と企業の関係は競合関係ではない。意欲的に挑戦する人材なしには発展が望めないという点では、大学も企業も、実は利害が一致していると言っていい。少なくとも私はそう確信している。

大学と企業とがもっと自由に意見交換し、共同研究という形に縛られず、互いの現状を知って新しい信頼関係を作り出すことが極めて大切だと思う。

実際、世界的な流れでもある「社会の持続的な発展」を経営の柱の一つに位置付ける企業も多くなった。ヨーロッパなどでは環境問題に配慮しない企業は、相手にされないという傾向が明確になっており、日本でもそのような認識は徐々に広がりを見せている。

財団の活動に対し、一般の方々からの寄付が寄せられることも大きな励みになっている。まったく面識のない方から高額の寄付が寄せられたり、少額でも、毎月の給料から継続的に支援してくださる方など、様々である。これは「科学を文化に」という財団の理念に賛同してくださっている人の輪が間違いなく広がっている証左だと思っている。研究者にとって支援を受けられるのは、自分の研究の意義を認めてもらった証《あかし》として大きな励みになる。一方、寄付した人にとっても、寄付を通じて、科学への関心と興味が広がっていく。

こうして考えると社会を変える力はすべてが政府による政策にあるのではなく、一般社会における小さな活動や意識変革にあることを改めて感じることができる。まったなしの基礎研究者の窮状を救うという目的と、新しい未来を開くことが、まさしく合致していることを感じながら活動を続けている。

終章　先行き不透明な時代の科学

先が見えない不安

永田　終章として、お互いの文章を読みながら意見交換をしつつ、本文で述べられなかったことも議論したいと思います。

本書のキーワードの一つが「役に立つ」という概念だと思います。この言葉が過剰に重視される裏側に、社会としてなにを目指せばいいのかが見えにくくなっているという状況があるのではないかと感じました。かつては成功モデルがありました。「出世」という言葉にいまより大きな意味があったと思います。「出世することが甲斐性《かいしょう》だ」といわれるような社会だったのが、いまの若い世代の人たちがそういう言葉を使うのを聞いたことがありません。「出世」ということに対する興味がなくなっている。

それがいいことか悪いことか、簡単には言えません。ただかつては事業に失敗した人は落伍者《らくごしゃ》とされました。失敗すなわち落伍者だ、という短絡的なレッテル付けがありました。現代はもう少し、失敗の価値が認められつつある社会になっているのではないでしょうか。

大隅　そういった潮流は間違いなくあると思います。

スイスのサンガレン大学という古い大学で、「capital（資本）」という統一テーマのシンポジウムに出席したことがあります。日本人の若者も何人か参加していました。一人は京都大学の学部在学中に立ち上げたベンチャーがうまくいき、一段落ついたときコロンビア大学に引き抜かれ、いまはコロンビア大の大学院に在籍中の学生です。「コロンビアでドクターを取ってきます」と話していました。

もう一人も同じくベンチャーを立ち上げ、「もう一度大学で勉強し直したい」と言っていました。

有名大学に入学し、大企業に入り……という「人生の成功者」といったイメージは、依然として根強く日本の社会で受け入れられていますが、そういう考えが少しずつ変わってきていると感じました。

永田　昔は、末は博士か大臣か、みたいなステレオタイプな成功例が意識されていた。成功という価値基準がだいたい似通っていたわけですね。ところが、現在では、それぞれに目指すもの、個人における価値観の多様性がはっきり見えてきたように思います。

卑近な例ですが、私の甥《おい》が日本のGoogleに勤めていて、アメリカのGoogleに引き抜かれて渡米しました。ところが彼は「ベンチャーを作るから」と数年後にGoogleを辞めました。分野の違う私からしても、「あのGoogleを袖《そで》にするのか」と驚きましたが、彼らのあいだではその感覚は不思議でもなんでもない。

いまの学生たちを見ていると安全志向でがんじがらめになっているように見えますが、一方でこういった若者もいるのですよね。ベンチャーを立ち上げるとき、安全志向だけではうまくいきません。外国では、失敗経験のないベンチャーの人間は信用されない、と聞きました。

大隅　ベンチャーの起業は学生たちのあいだで流行となっていて、たとえば一橋大学経済学部出身者などは、すでに大半の人が滑り止めの感覚で大手企業に就職するのだと聞きました。その話をしてくれた一橋大学の先生は、「東大でも同じですよ」と言っていました。かつては、官僚になって国を動かす人材を輩出していた大学で、これはこれで深刻な問題ですが公務員離れが急速に進んでいることも最近話題になっています。

大学受験でも新しい傾向が生まれています。長らく、東大に受かった人は東大に進む以外の選択肢はないという雰囲気でしたが、いまは、ハーバード大学、オックスフォード大学に行こうという学生も出始めていて、社会もそういうことを容認しつつあります。海外の大学に進んだ方が、先が見えるのではないかと思うほど、日本社会が閉塞しているともいえます。

少しずつ変わっているのは確かだと思いますが、ただ、トータルで見ると依然として、失敗した人には厳しい社会だと私には思えます。かつては、夢を持ってフリーターになる人がいたのが、いまはそういう人がいるようには見えません。「フリーター」というと現在は、どん底の生活を強いられ、這《は》い上がろうにも這い上がれない状況があると思います。これは大変重い問題だと思います。

永田　大学においても、人より遅れるということに対する過剰な怖れが見られるのは残念なことです。留年というのは私たちの学生時代は普通のことで、4年で卒業する奴を、つまんない奴だなんてどこかで思っていたフシもある。しかし、いま大学も学生も留年などという「落ちこぼれ」を作らないことに汲々《きゅうきゅう》としているように見えます。自分のペースでゆったり歩くという余裕がなくなっているのを強く感じます。

大隅　そのような風潮は、大学受験にも見られます。私たちの時代よりも浪人生が減っています。自分の目指す大学、学部よりも、とにかく入れる大学に入りなさいという親の希望も強くなっていたり、経済的な負担もあるのでしょう。

もう一つ私はいまの社会において、二極化が気になっています。階層分化がますます進んでいて、いい面を見れば、世界的に活躍する異能の若者が生まれています。金銭的に余裕がある家庭なのでしょう。生まれた家の経済事情で進学先や就職先が決まるケースが多いという調査結果が出ています。東大進学者の6割以上で親の年収が950万円以上という調査もあります。誰もが「プリンストン大学やハーバード大学に行きたい」と思ったからといって行けるわけではありません。学費がものすごく高いですから。それはやはり窮屈な世界ではないでしょうか。

日本でも富の集中が非常に進んでいて、同時にエリートも出てきている。そういうエリートたちは、私たちが想像するよりはるかに自由度の高い世界に生きているのですが、彼らにいまの難しい時代のリーダーになって変革しようという意識は低いように思います。

かつて、能力さえあれば裸一貫から出発して成功する物語がありました。現に、学歴や家柄などに関係なく大物政治家になった人もいます。ただ、現代はそういうケースがなくなっている、という点には注意が必要です。自由に世界に羽ばたける人と、そうでない人との差がいっそう大きくなりそうなことを私は危惧しています。

大学の専門学校化

永田　そういう意味では、学生の就職先である企業も少しずつ変わっていくのではないでしょうか。企業は会社に利益をもたらし、使いやすく、真面目に働いてくれる人間を大学が育成することを期待しています。安倍《あべ》政権からの大学教育へのスタンスは、こういう考えが下敷きになっています。それは大学を専門学校化する方向性として現れてきていますが、２０１９年からスタートした専門職大学としてすでに具体化が始まっています。学びの特徴として、「産業界等と連携した高度で実践的な職業教育」が明確に打ち出されている。

でもそれだけでは行き詰まりになると思います。企業は、簡単に使いこなせない人間こそが企業にも利益をもたらすことに気づくのではないでしょうか。そう遠い先のことではなく、まもなくだと思います。

たとえば研究室という組織で考えれば自明です。私の考えていることをそのとおりにやる学生ばかりになったら、研究室はまちがいなく駄目になります。私には考えられない発想をし、私の言うことを聞かない人間がいてこそ、研究室は活性を維持することができる。

これまでの経験として、私の研究室で能力を伸ばしていった連中は、やはり生意気な奴でした。私は、「横着は許さんが、生意気でなきゃだめだ」とことあるごとに言ってきました。おかげで私の研究室は生意気な奴ばかりです（笑）。

私が「やめておけ」と言っても私に逆らってひそかにやっていて、成功してくれるケースが生じたら、それはとてもうれしい。まあ、私自身が自分にそれほど自信がないから、自分の不足分を補ってくれる若い人たちの発想に期待しているということでもありますね。日本社会における閉塞感への処方箋《しょほうせん》は、このあたりにヒントがあるのではないでしょうか。

大隅　永田さんみたいなそういう研究室は、いまや珍しいのです。私の研究室はもっとまともで（笑）、とてもそんな雰囲気ではないなあ。

永田　これは、ボス自身もそれを楽しめないと続きません。喧嘩しながらでも「おもろいやっちゃ」と思っていられるか、ですね。

大隅　私は立ち上げた財団の関係で企業人と話す機会がありますが、うまくいっている企業の特徴として、社内が国際色豊かというのがあります。「社員の7割が外国人です」という企業もあります。今後は否応なしに、日本企業もグローバル化されていくでしょう。そんなとき、国際競争力を付けようと思ったら、日本国内に根付いている価値観だけでうまくいくことなどないと思います。これは単に世の中でいう外国語力や表面的なコミュニケーション能力の問題ではないのです。

いい失敗と悪い失敗

大隅　本書では、お互いに失敗の大切さを説きましたが、主体的でない失敗は失敗とはいえませんよね。「言われたことをやったら失敗しました」「予想した結果が出ませんでした」と報告すればおしまい、という世界には本当の失敗はありません。「ボスがこういうテーマを与えたから自分は失敗したのだ」と捉えてしまっては、自分の問題として捉えられず、責任が生じないからです。

責任を持たないままでいると、うまくいった人が羨《うらや》ましくなり、うまくいった人に対し、「彼にはボスがいいテーマを与えたから成功したのだ」とまで考えるようになってしまいます。どこまで行っても主体的になれません。失敗であっても一つの経験として積めるのに、主体的にならないと失敗という経験さえ積めないのです。

永田　単にうまくいかなかったということと、自分がデザインした計画が失敗したということの間には、大きな差があります。うまくいかなかった、としか受け取れなかったら、何の蓄積にもなりません。

我々指導する立場としては、失敗をした学生をさすがに褒めるわけにはいきませんが、失敗イコール「あなたがダメだったんだ」ということでは決してありません。当初決めていた目標から外れた結果を失敗だと見なしがちですが、狙っていたものというのは、たかが人間の想定範囲内だともいえます。失敗の原因を探ることではるかにおもしろい可能性に結びつく例はたくさんあります。

自然科学のおもしろさは、我々が思っている以上のすごいメカニズムが世界にはある、と感じられることですよね。自然というものは我々が考えてもいなかったメカニズムで生きて動いているのだということを実感するときに、やっていて良かったと心底感じられます。そういう意識を教育者も大事にしないといけないでしょう。

ですから、失敗をおもしろがれないのは、教育者の方にも大きな問題があるといえます。ボスの方も、早く成果を出して論文にしなければ研究費に差し障るなんて焦りがあると、学生を自由に泳がせて失敗するのを一緒に楽しむなんて余裕がなくなる。いきおい、先回りして次々指示を出したりもする。

私が前に居た大学だけでなく他大学でも同じだと思いますが、たとえば「低単位指導」といって学生一人ひとりに教員が付いて指導する、ということが行われています。促しているのは、大学執行部です。そのような状態が当たり前だと思っている学生を社会に出したとき、いちばん困るのは学生本人でしょう。企業だって社会の方だって困ります。

大隅　たしかにそういった現状ですね。大学でも、「子どもが単位が取れなかったのは先生の責任だ」という親も実際に多くいるようです。信じがたいところがありますが、大学教員が学生や親に「こんなに手厚く指導しています」と示すことが、大学のある種の売りになっているところがあるのです。

いまのシステムの中では、大学生が「お客さま」なのです。私学では大学経営・財政に直接関わるから、一人でも学生に退学されたら困るわけです。よく言われていることですが、大学教育の中で、考え方の基本を学び、自分の人生を自分のものとして、考えて、自分の責任で切り開くという気概を持つことが必要なことだと思います。それに反していかに所定の期間の間に学部、大学院を卒業させるかが大学の評価の一つとして問われていることは大変大きな問題でしょう。

ゲノム編集や再生医療

大隅　本書で述べられなかったことですが、科学者の倫理観についても触れておきたいと思います。たとえば、ゲノム編集や再生医療のようなもので人間の未来が明るくなるというい方は、ある種の幻想を無限に振りまく行為だと私は思っています。私個人としては、「再生医療によってもっともっと生きたい」というような欲求はまったくありません。なぜなら、人間も生物種の一つであり、寿命があるのだということを受け入れた地点から進まないといけないという思いがあるからです。

何千万人に一人がようやく治るような治療法が、すべての人に行き渡るはずがありません。そういう非常に単純な論理を忘れているのではないでしょうか。治療費としては3000万円ほどかかる新薬が少し前に開発され、2019年に厚労省の認可を受けました。この薬でこれまで治療できなかった病気が治るのはたしかにすごいことですが、この薬をほんの少数の人に無条件に投与して、それを国民全体の負担とするということが成り立つのでしょうか。現実的に考えれば、再生医療によって人生がバラ色になり、あらゆる病気が治るということは、あり得ないのではないでしょうか。むしろ経済的な理由で亡くなってしまう人も多数いるということを社会全体で考えていかないと、ばら撒《ま》かれた幻想に単に振り回されることになってしまいます。再生医療の恩恵をどれだけの人が受けられるのかという点も考える必要があると思います。

永田　再生医療の問題と直接には結び付けられませんが、やはり「私たちは死ぬのだ」ということがとても大事です。最近知ってショックを受けたのは、中国のクローンペットビジネスです。死んだペットの細胞からクローン技術で作った動物（ペット）がすでにビジネスになっていて、一匹３００万円から５００万円くらいで自分のペットのクローンを作ってくれるのです。このビジネスが日本にも進出しようとしています。それが将来、ヒトにも及ばないという保証はありません。

クローンのペットを見れば、なんとなくペットが生き続けているように思えるかもしれないけれど、しかし元のペットは死んでいるのです。クローンがいるから元のペットの死を悲しまないかといえば、それはまったく別の問題だと思います。悲しむことが大事なのです。「人間はいつかは死ぬ」ということがすべての人にとっての前提です。ハイデガー的な物言いになりますが、〈死があるからいまの生に価値がある〉のです。死ななくなってしまったら、生きていることの意味も価値もなくなります。

人間はわずか100年に満たない時間を生きる生物です。生き続けていることに充実感があるのではなく、「限られた生の中でいま生きている」ことのほうが大事です。たとえば60歳という時間はたった1年しかないのだということ。だから大事なんだと、そういう時間感覚の大切さを、いまのゲノム編集や再生医療は稀薄《きはく》化させようとしています。みんなの願いをどこかで表現しているのは事実ですが、そういう技術によって生の有限性が自覚できなくなる危険性はやはりあると思います。

大隅　経済的な問題は別にして、再生医療を考える上でいちばん問題となるのは、大変重篤な病気の人を救うという、こうした医療がもたらすいい面についてどう考えるべきか、ということです。重篤な病人を救える可能性があるという点に、私たちの考え方が大きく引っ張られていると思います。

いったん立ち止まって考えておきたいのは、たとえばさまざまな障害のある人が必ず不幸なのか、といった問題です。障害があって充実した人生を生きている人もいます。健常者が見ることのできない世界を見ている、ともいえます。

重篤な遺伝病にかかっている我が子のために再生医療を希望するのは、これまで健康に歳を重ねてきた我々にはわからないくらい、重いことだということは想像できます。それでも、極端ないい方になるかもしれませんが、遺伝子治療法や再生医療を疑う視点は大事ではないかと思います。そういう医療だけが強調されすぎている気がしているのです。その裏返しとして、障害のある人があたかもとても不幸な人生を歩んでいるようなイメージが広がっているのではないか、とも思うのです。

永田　最初の話題で出たのですが、サイエンス自体も大隅さんが言われたある種の「二極化」を加速させる方向に進みつつあると感じています。そのことに非常に危惧を感じています。

『ホモ・デウス』（柴田裕之訳、河出書房新社）の著者、ユヴァル・ノア・ハラリが言っていることですが、ゲノム編集が人にまで応用されるようになると、どんどん人間が二極化していく。つまりゲノム編集によって優秀な子孫を作れる人たちと、それができない人たちが生まれてしまうことへの危惧です。

二極化は人々の無知から来るのかもしれないし、偏在する富から来るのかもしれませんが、人へのゲノム編集技術が将来どこかで解禁され始めたら、二極のあいだの差はますます大きくなっていく可能性があります。

ゲノム編集で双子を作った中国の科学者（賀建奎《フージエンクイ》氏）が、もしいま、先ほどの大隅さんの話を聞けば、「自分の子どもがそういう遺伝病になる可能性があるなら、その原因を取り除きたいのは当然だ。だから私はやった」というような答えを返すのでしょう。それはたしかに一つの論理、ロジックです。しかしもう一つ、「人のためになるのではないか、やってみたい」という気持ち以上に、私は彼の研究に、「初めて人にゲノム編集技術を応用した人間として名を残したい」という気持ちを強く感じてしまいました。

名誉心そのものは決して否定すべきものではないと、私は思います。ことの大小にかかわらず、初めてある物事を実現した人間として名を残したい思いは、どこかで大事にしないと研究のモチベーションになりません。しかし、彼の場合は、間違いなくフライングです。社会的なコンセンサスを十分に得られていない段階で実行してしまいました。

日本では1968年に初めて心臓移植が行われ、たいへんな議論を巻き起こしました（札幌医科大学を舞台としたいわゆる「和田《わだ》心臓移植」）。人の倫理観に関わる医療や科学技術は社会のコンセンサスを得ることが必要だと思います。そのコンセンサス作りをすることも、科学者の一つの義務です。それを抜きにして、気持ちだけで突っ走ってしまうと、恐ろしい世の中になると思います。

大隅　知的好奇心だけで科学者が何でも自由にやっていいということは、やはりありません。社会的なコンセンサスを破るかもしれないという危うさを、我々科学者はいつも持っています。さらに、コンセンサスを得たらそれでおしまいかと言えば、そこで終わらない問題が次から次に出てくるだろう、とも思います。これは非常に重い問題ですが、科学者も交えた真剣かつ利害関係を離れた議論を踏まえた社会的なルール作りは必要だと思います。

役に立たなくてもサイエンスには喜びがある

永田　大隅さんが第六章のタイトルに「科学を文化に」というのを掲げました。とても大事な言葉ですが、これは私の知る限り、大隅さんが言い始めた言葉ですよね。

大隅　どうかな。

永田　この頃、複数の科学者がやたらそれを言うようになりましたね。浸透しつつあるのは、大隅さんがノーベル賞を取ったことの一つの大きな副産物だと思っています。こういうことは、誰が最初に使ったかをいつもはっきりさせておくのが大事だと思っています。私たち科学者にとって、引用という行為は大切にすべきものですから、先にあるものはきちんと引用して使う必要があります。

私はあちこちの講演などで「サイエンスを文化に」という言葉を使うときは必ず、「これは大隅さんが言っていることです」と前置きします。ひょっとして私の調査不足で、もっと先に誰かが言っていたことかもしれませんが、それはそれとして、「先行知」というものに対する敬意、これを抜きにしてはサイエンスは成り立ちません。

私たちは、サイエンスをもっと一般の人に広げたいとふだんから言っていて、それが本書の趣旨の一つでもあるのですが、そのとき「文化として広げたい」という表現が、とても重要になってきます。

大隅　「サイエンスを文化に」とわざわざ主張しないといけない理由の一つは、日本で科学と技術が切り離されていない状態にあるからです。日本では、科学＝技術、と捉えられている感もあるので、サイエンスは「役に立つ」ことをもって評価される傾向が圧倒的に強いのです。そういう傾向は「楽しむものとしてのサイエンス」というスタンスとはずいぶん違った性質、構造を持っています。

「役に立つからサイエンスは大事なのだ」と科学者自身が言うかどうかは、非常に大きな問題です。

たとえば製薬会社の首脳陣で、日々「どうしたら収益が上がるのか」を一生懸命考えている人が、本心から「サイエンスは文化です」とは、とても言えないでしょう。我が身をもって「文化だ」と感じられないからです。技術に結びつくものが科学で、それらすべては経済を基準に評価されるという了解が日本にあるからではないでしょうか。

そういう意味で、ことサイエンスについては精神的な風土がとても貧しいと感じています。「武士は食わねど高楊枝《たかようじ》」というスタンスが、日本の科学にはほとんどないのです。

つまり、「サイエンスは役に立つから大事です」という主張と、「サイエンスは文化です」という主張のあいだには非常に大きな距離があるのです。人間の存在、自然を理解しようとする活動として、科学を捉えて欲しいと思うのです。

永田　突き詰めるなら、「役に立たないから文化なのです」と私は言いたいですね。

大隅　そのとおりです。

私たちが行っているのは基礎研究ですが、一般的な見方としては、基礎科学は応用科学に対する基礎だという捉え方がなされます。もちろん応用科学の基礎的な部分を、基礎科学が担っている部分はあります。しかし、基礎科学が大事だというときに応用のための基礎になるから大事だ、と言っているのではないのです。「応用科学のもとになるから基礎科学が大事なのではない」ということは、ぜひとも理解して欲しいです。

確かに新しい技術があったから新しい科学が生まれることが多々あり、いまや両者の関係はますます密接になっています。しかし両者は違った概念だという理解がされて欲しいのです。

永田　一般の人がその点を理解しづらいとしたら、それは我々の側にも責任があります。基礎科学をやっている人が、ある種の「言い訳」として、「将来、応用に繋がることもあるので……」とみずから言うことがあるからです。たとえば科研費の申請書などにはそういった項目を書く欄があるので、やむを得ないこともあるのですが。成果のプレスリリースの際などにも、必ず新聞記者から、この研究は何の役に立つのですかと尋ねられます。仕方がないから、こんな役に立つ〈可能性〉があると言ってごまかしますが、これがマズいのかもしれない。

「応用に繋がらない基礎研究は何の価値もないのか?」と問われたら、まったくそうではないのですよね。ここが大事です。

大隅　研究費の配分において実用性のある成果が重視されてきたことは、これまでも議論がされてきましたが、ここでも研究者の意識にまで浸透してきてしまっているように思えます。科学研究の成果が将来様々な技術の展開に役に立つかもしれないということは間違いないでしょう。しかし、私は自分の研究ががんや神経変性の理解に繫がっているに違いないと思って始めたわけではありません。いまのオートファジーをめぐる医療応用の広がりは、その後の人たちの努力の賜《たまもの》だと思うのです。私自身の研究の目的は、あくまでオートファジーの分子機構を知ることであって、それが様々な病気の克服に繫がる可能性があることを強調すべきではないと思っています。

ノーベル生理学・医学賞の英語表記はNobel Prize in Physiology or Medicineです。大事なことはandではなくorだという点です。そもそもノーベル賞はダイナマイトの発明により巨万の資産を残した実業家ノーベルの遺志のもとにスタートしました。生理学・医学賞においては、明確に生理学という科学と、医学という応用に対する貢献が区別されています。もちろんどちらが優れているかという問題ではありません。オートファジーが現在、がんや様々な医療に関係していることは間違いのない事実ですが、私自身は、生理学賞をいただいたと思っています。科学の進歩によって新しい技術が生み出されるのはうれしいことに違いありません。これまでのノーベル賞の対象になった研究をそのような見方で捉えると、また違って見えることがあると思うのです。

永田　なるほどね。よくよく考えてみるまでもなく、永遠に役に立たないこと、というのはたくさんあるわけです。第一章でも述べましたが、ヒトの身体の中の全細胞数は、昔は60兆個と言っていたのですが、2013年に実は37兆個だという論文が出ました。これはいろんな意味で私は感激したのですが、感激の一つは、60兆が37兆になったからと言って、いったい誰が得をするのかということがあります（笑）。誰かが得をしたり、何かの産業に役に立つこともない。しかし、そこに真の数、より真に近い数というものがあるのなら、何の役に立たなくても、その数を知りたいという欲求が人間にはある。それを私は大切にしたいし、そんな知りたいという欲求にこそ人の営みへの信頼と、サイエンスの希望を見いだせる気がします。

大隅　ここで改めて、基礎科学とは何かをはっきりさせたいと思います。「役に立つ」という発想から離れ、知的好奇心から出てくるものが基礎科学だと思います。「宇宙の果てはどうなっているのか」「物質の根源は何か、原子の構造はどこまで分けられるのか」「生命はどうやって連続性を保っているのか」といった問いは、「役に立つ」という動機からは生まれようがありません。

しかしそれら一つ一つの問いに対する答えは、知の体系として人類に貢献をしています。古典力学が天体の動きを知る上で決定的な役割を示しましたし、遺伝法則の発見、分子生物学の発展は私たちの生命観に大きな変化をもたらしました。

多くの人が、「役に立つ」という評価軸だけから科学を考えるから、混乱が生じます。基礎科学は最初から「役に立つから」というモチベーションでやるものではなく、知的な好奇心に基づく活動なのです。

社会にはいろいろな人がいます。いうまでもなく、全部の人間が科学者である必要はまったくありません。皆が科学者になることもあり得ません。ただ、そういう人たちが社会に必要だということを認める社会であって欲しいと思います。

こういう社会が成り立つためには、ある意味では自由が必要です。自由に発想して、考えて、解きたいという強い思いを抱いている人たちが社会にはいていい、未来の社会には必要だというスタンスが欲しいのです。

永田　別の言い方をすると、科学者以外の人たちも科学者の仕事を一緒におもしろがって欲しいですね。科学者がこんなことを見つけた、こんなことを言っている、それを「おもろいやないか」と一緒におもしろがる人がいればいるほどいいですね。そういう人が大勢いれば、「役に立つ」「役に立たない」ではない価値観が広まるでしょう。

役に立たなくてもみんなでおもしろがることができる。それは社会の豊かさに繋がります。何の役にも立たないけれど、これを一つ知っていることで生活が豊かになる、世界を見る視点が変わるような経験は、実際にたくさんありますよね。よく言われるように、たいていのものは使えば減ってしまうのだけれど、世の中には使えば使うほど増えるものがある。それは知識なんですね。そんな喜びを多くの人が実感できる社会になって欲しい。

たとえば芸術家の岡本太郎《おかもとたろう》などは、大変な変人です。でも、みんなで岡本太郎という人を楽しんでいました。そういうあり方が、大隅さんが言う文化というもので、社会の役に立ち、金銭的な利益を生むという類のものではありません。みんなが一緒になって喜べ、楽しめることこそが文化です。

そういう活動への投資も大事です。いま、政府は役に立つものへの資金投入を積極的に行う一方で、納税者への説明責任を果たせないという理由で、役に立ちそうにない基礎研究への研究費は据え置かれている状況にあります。まったく意味がないと思う。

もっと大事なことは、直接の利益を生まなくても、いま生きて、この世の中で生活している人たちが一緒に楽しめるような世界にサイエンスを持っていくことだと思います。そういうことが、お金には代えられない豊かさを人々に提供することになるのです。映画が、美術が、あるいは詩が、もう少しいえば短歌が果たしているのと同じようなものを、科学も社会に還元すると思います。多くの人は、サイエンスは「むずかしいものだ」「高尚なものだ」と思いすぎています。これはよくない。

科学者の発想や問いを一般の人に還元し、サイエンスはみんなで考え始めたらこんなにおもしろいのだということをわかってもらうのは、我々の責任でもあります。政府が基礎研究に金を出さないと怒っているけれど、科学者にも責任はあると思います。

大隅　「文化に」ということをものすごくわかりやすく言えば、永田さんがよく言う話がありますよね。

永田　陸上競技の男子１００メートル走で日本人選手が10秒を切ると、トップニュースになりますよね。でもこれが何の役に立つかといえば、何の役にも立ちません。阪神を応援していて阪神が勝ったらうれしい。それを、何がうれしいのかと言って、その「なぜ」を問う人はいないでしょう。スポーツは文化として根付いているから、誰もそんなことは論じません。

大隅　ノーベル賞を同じ土俵に上げて議論していいのかどうかわかりませんが、日本人がこの賞をもらうことで多くの人がうれしいと思う感覚とか、小惑星探査機「はやぶさ」が世界で初めて、地球重力圏外にある天体の表面に着陸して戻ってきたことに大勢が拍手喝《かっ》採《さい》する感覚に近いです。その事実が人々の生活に実際的に役立つとは誰も思わないような世界です。「この音楽を聴く行為は、お金に換算すると〇〇円だ」などと考えながら音楽を聴く人は誰もいないのと同じです。科学も、簡単にお金に換算できない世界であることは受け止めて欲しいです。「サイエンスを文化に」と言っているのはこういう意味か、ともう少し理解してもらえるとうれしいですね。科学の評価軸は、何かに役立つというところにはないことをわかってもらえるのではないでしょうか。

大隅財団という社会実験

大隅　先ほど永田さんが言った、科学者の社会に対する説明が足りない、という意見について少し議論したいと思います。

予算を取るために国会へ科学者出身の議員を送るべきだとか、文科省に博士号を持つ人が増えなければいけないとか、そういった話はよく出ますが、そこから先に進まないというのが実情で、現実だけがどんどん深刻化しています。アメリカなどは科学者が大変なロビー活動をしたり、ノーベル賞学者が全員集まって政府に頻繁に進言しています。私も「ノーベル賞学者を全員集めて何かしたらどうだ」と言われることがありますが、ノーベル賞受賞者が皆同じ意見を持っているとは限らないという思いもあって、いまのところあまり積極的な気持ちにはなれません。
日本の科学者はいまだ明確な意見を掲げてそれが実現したという成功体験がほとんどありません。科学者が分野を離れて、科学をめぐる社会的な課題に明確な意思表示をする姿勢はむしろ近年弱まっているようにも思います。

永田　科学者の団体で言えば、各学会やその元締めとしての日本学術会議が、そういう役割を担っていますが、なかなか力を持てません。
そういった中で、大隅さんが立ち上げた大隅財団（正式名称は「公益財団法人大隅基礎科学創成財団」）は、科学者が政府のお金だけに頼らない、一つの道を示しています。企業人だけでなく一般の人からも寄付金を募ることで、彼らにサイエンスとの関わりを持ってもらうことが、とても大事なことだと私は思っています。自分でお金を出したら、それがどのように使われているのか関心を持ちます。

大隅　大隅財団の設立趣意でも掲げていますが、私は財団を「新しい社会実験だ」と宣言しています。新しい試みですから、何が何でも失敗してはいけないとは思っておらず、何年か経って「どうしてもうまくいかなかった」という結果になっても、それは一つの教訓になるだろうと思っています。多額の資産を持っていない財団をただただ継続するために、無原則に寄付を集める活動をしても変革に繋がらない、あくまで基礎科学の理解と振興を目的とする、というのが私の思いだからです。

永田　大隅財団の大きな目的は、企業や個人から集めた資金を若い研究者に還元することですが、寄付金を通してサイエンスが文化として根付く可能性も開いており、ここにも大きな意味があると思っています。実際に活動が始まって7年が経過しているわけで、政治家へのロビー活動とはまったく違う方法ですが、重要な活動です。

大隅　もう一つ私の思いを言えば、日本社会全体に閉塞感があることと、大学の研究者をめぐる現状がますます厳しくなっていることを踏まえて、若い人が生き生きとしている社会であって欲しいということです。研究者は幸せで溌剌《はつらつ》としているけれど、社会全体は停滞しています、などということは絶対にないのです。

　科学も社会全体の中にあります。科学者が抱える問題は日本の社会全体が抱えている問題でもある、という認識が広がって欲しいと思っています。いま、優秀だとみんなが思う学生がドクターには進まず、マスターで大学を辞めてしまいます。しかも、そういう人が企業に行くから企業がホクホクしているかというと、そんなこともありません。

つまり、どこかにボタンの掛け違いがあって、人の能力をうまく生かせないシステムができ上がっているのです。大学が抱えているのと同じ問題を社会も抱えているのだから、大学を豊かにすることで社会も豊かになるよ、という思いを理解してくれる企業人もたくさんいることを知ったことが、私の大事なモチベーションとなっています。

いま、企業活動も国際化が進み、多くの外国人を雇用することなどを通じて企業人の意識に大きな変化が見られるようになってきているのを感じます。日本の研究力の低下や、このままのシステムでは日本の将来が危ういという危機意識を共有できる方々がたくさんいるのです。

経済によっていろいろな価値が測られる現代において、サイエンスが文化になることで、結果的には日本の国際競争力も上がっていくのではないかとも思っています。どれくらいの若者が意欲的に自分の将来を考え、未来の社会に真摯に向き合うかが、日本社会の未来を測るバロメーターだと思います。科学者だったら、自分で問題を見つけて意欲的にやっていく人が増えて欲しい。企業で新しいことを考えて実現していくことも、おそらく同じことです。繰り返しますが、科学も人間の活動の一つですから、科学者だけが自由を満喫できるなどということは絶対ないのです。

社会全体が単なる経済的な豊かさを求めるのではなく、精神的な余裕を持っていることが、科学者が自由に楽しく研究する上で大切だと思うのです。それが科学を身近に感じ、真理を重んじる社会に繋がるのではないでしょうか。

おわりに　──最近強く思っていること

大隅良典

論文を仕上げるための膨大な作業

最近、私の研究室から二つの論文を発表しました。それぞれポスドクと大学院生が4、5年かけて進めた研究の努力の結晶です。科学研究者にとって、自分の成果を論文として公表することは大きな喜びであり、広く世界に知らしめることは、研究者としての重要な責任でもあります。

しかし昨今、論文を発表するために大変な量の作業と時間、さらにはお金を要する状況になっていることを痛感し、危機感を覚えてその現状を皆さんと共有したいと思いました。

実験科学者は、新規性のある結論を目指して、実験を繰り返しデータを蓄積してゆきます。それらを図や表にまとめ、その結果から得られる結論を導き出します。データを最も説得力のある順に並べて、論文を構成します。その論文中の順序は必ずしも実際の実験の時系列と一致するとは限りません。実は大事なコントロール実験（対照実験）が欠けていることに気づき、自分の結論が正しいかドキドキしながら実験を行うということもときにはあるからです。

十分なデータが得られたと判断したときに論文の執筆作業が始まります。自然科学の場合は国際誌に掲載することになるので英語で書く必要がありますが、論文執筆の大半を筆頭著者（最も貢献した研究者）自身が行うか、責任著者（通常研究室の主宰者）が議論をしながら書くかについては研究室によっても論文によっても異なります。

論文は通常、短い要旨（論文の結論を簡潔に記述）、序（研究の歴史的背景や論文の目的などを述べる）、実験方法や材料（他者が再現できるように詳細に記載）、結果（通常実験データを10個以下の図や表として提示し説明）、考察（結果の自己評価、今後の課題などに言及）、引用文献（論文に関連した過去の論文を示す）からなります。このように、論文を書く過程は実験しては考察することだけでは得られない、自分達の研究を世界の研究動向の中に位置づけ、論理の一貫性などについて考える貴重な時間になります。

私が学生だった頃は、図や表などの作成も手書きの時代でしたが、現在は様々な便利なツールを駆使することができるようになりました。文章もかつてはパソコンなどはなく、もちろん修正機能もないタイプライターで作成していましたが、今は様々な機能を備えたワードプロセッサーや翻訳機能を活用します。

また、雑誌ごとに細かい投稿規定があって、それに従う必要があります。様々な研究上のルールが出版社の方針で決まる風潮に、研究者自身がもっと意見を述べる必要があると思います。

こうして完成した論文の草稿を以前は数部のコピーと共に出版元に郵送していましたが、いまはオンラインで雑誌の編集者に瞬時に送ることができるようになりました。

投稿する雑誌によって異なりますが、草稿は雑誌の編集者（editor）により、まず査読者・審査員（reviewer）に回すかどうかの判断が下され、雑誌によっては、かなりの高いハードルになります。回すことになれば、3人程度の査読者が選定されて審査が進められます。これは編集者が関連分野の研究者に依頼して行う、いわゆるピアレビューと呼ばれる制度です。承諾した査読者はその任にあたりますが、査読の作業は基本的に無償で、人によっては多数の査読は相当な時間を要し大きな負担になります。1、2か月程度で、編集者の元へそれぞれの審査意見が寄せられます。もちろん、専門分野が近いことは評価するための大事な条件の一つですが、近ければそれだけ、見解の違いなどの問題も生じます。これらを適切に判断するのが、本来編集者の大事なしごとになります。

編集者は査読者の意見にもとづいて論文の掲載の可否を決定し、投稿した研究者に通知します。何の変更もなく受理されることはまれで、査読者の疑問や要求に応える必要があります。時には大幅な修正を要求されたり、何らかの追加実験が求められたりします。この修正の過程で、著者も気づかなかった点を指摘され、大いに論文が改善されることもあります。しかし時には、実際には難しい実験を要求されることもあり、編集者とのやり取りが必要となります。こうして修正した論文を再投稿して再度審査を受けます。従って一つの論文が採択されて、公表されるまでに多くの場合、投稿から半年くらいが掛かることになります。

雑誌が増え、かつ個性が失われた

この過程で重要なことの一つは投稿する雑誌を決めることです。国際誌の数は私が学生だったころに比べると、現在は何十倍にも増えました。今の時代、冊子として印刷されずに、オンラインでのみ発表される雑誌も増えてきています。雑誌には一般性の高い雑誌とそれぞれの分野に特化したものがあり、その中から一つ選ぶことになります。最初の投稿が不採択になれば、改めて次の雑誌に送ることになります。当然、近年発表される論文自体の数も激増しました。例えば私の研究分野であるオートファジー関連でも、私が始めた頃は全世界中で年間20報程度だったのがこの十数年で指数関数的に増加し、年間1万報にもなって、到底全てに目を通すことは不可能になりました。

昔は図書館に行って雑誌を手に取り、目についた興味のある論文を読んでいましたが、今はパソコンでキーワードを入れて検索し、読むべき論文を探すことになります。一方で雑誌の購読料が猛烈に高騰し、普通の規模の大学の図書館では、例えば一つの出版社の複数の雑誌を購入するのに数千万円が必要であったりするので、とても支えることが不可能になり、毎年どの雑誌を切るかがしばしば問題になります。オンラインで購読する契約にもお金がかかるので、小さな大学では自由にアクセスすることはかないません。

このように電子媒体が高度に発達して、膨大な数の論文を短時間で検索することが可能となったので、研究結果をどんな雑誌に発表してもいいはずですが、現実はそうはならず大きな問題が生じています。

従来、学会や大学などが優れた国際誌を刊行していましたが、雑誌刊行の事務量や財政的な負担に耐えられず、国際的な大手出版社に身売りをすることが続き、ますます出版社の系列化が進んでいます。例えば最も著名な科学誌であるNatureは実に32の姉妹誌を発刊しています。その結果、それぞれの雑誌は個性を失ってしまいました。こうして雑誌のランク付けがなされることになります。

高騰する投稿料、出版社が得る莫大な利益

雑誌の客観的な指標としてインパクトファクター（ＩＦ）がよく知られています。その雑誌に掲載された全ての論文が、特定の1年間に平均何回引用されたかを表す数値です。

しかし論文の引用数は、その領域にどれほどの研究者がいるか、どれほど頻繁に論文を書く分野かによって大きく左右されます。当然、研究者の少ない小さな分野では論文の引用数は限られ、研究者が多い医学分野では多くの論文に引用されます。ＩＦを意識すると、自ずと研究者は流行りを追うことになります。出版社自体もＩＦを上げようとすると、流行りを求め、どれほど正確に課題を解いたかよりも、内容がセンセーショナルであるかが重視されかねないのです。

実際いわゆる一流誌に掲載されている論文の内容が間違いであることがしばしばありま

す。したがってIFには様々な問題があることが指摘されていて、海外では禁句という大学もありますが、日本では論文自体の評価や、業績評価や人事などに影響力を持っています。中国では教授の職の継続に必要なIFの合計値が設定されている大学すらあり、論文の水増しや不正を招いたりしています。その上出版社側でもIFを上げるための仕掛けなどが様々なされています。

このようにIFが正確な評価ではないことは明らかですが、現実には多くの研究者、特に若者が振り回され、IFが少しでも高い雑誌に投稿したいと考えています。

論文の評価は雑誌の評価とは全く別のもので、論文の正確な評価は大変難しいことなのです。どの論文で誰が新しい発見をしたか、一つの考えを最初に提唱したのか、その根拠がどれほど正しいものか、結果の再現性、一般性などが問われます。それは本来、歴史的に検証されることとなのかもしれません。一つの指標としてその論文の引用度数が使われることがありますが、それも前述したような問題があります。引用数も、話題になった短期間に多数の引用がなされる論文と長年に亘って引用され続ける論文では、自ずと意味合いが違います。

例えば多くの大きな発見の第一報は、いわゆる一流誌には載らないのです。なぜなら新しい発見はまだ人が関心を寄せているはずもなく、その論文でその機構が分子レベルで解明されていることもないからです。私の大事な知人の一人アーロン・チカノーバのノーベル賞の対象となった論文の掲載雑誌はBBRCですし、私達の場合もFEBS Lettersといった、いわゆる速報誌的な雑誌でした。

最近、いわゆる一流誌に論文を出そうとすると、様々な多面的な実験が要求されたりします。データの不正を防止する方策として全ての実験を複数回繰り返すことや、膨大な実験結果をほとんどの人が見ない捕捉データとして提示することが求められることもあります。もちろん実験の再現性はとても大事ですが、生物学の実験は、多数のパラメーターに左右されるので、一つの条件での再現性を求め、全ての実験を繰り返すことは、時に時間と経費の無駄でしかありません。

また、さまざまな手法で解析が求められれば、一人で全てを行うことが難しくなります。こうして一つの論文に多くの人が関わることになり、著者の数は多くなります。例えば、遺伝子操作、生化学、顕微鏡、質量分析、構造解析など専門的な知識が必要になるからです。また最近は、いわゆる網羅的な解析とそのデータが重要視されます。

生物分野の論文では、もっとも大きな貢献をした人が筆頭著者となります。しかし著者数が増えれば自ずと個人の貢献度が低くなり、誰が筆頭著者になるかも問題になります。もう一つ、大きな問題だと思うのは、近年論文の掲載料が高騰し、100万円以上が必要になることも今や珍しくなく、研究費が乏しい研究者には大きな障害になっていることです。いくつかの大きな出版社が莫大な収益を得ているのが現状です。

論文を発表するという大切な作業の概要をお判りいただけたかと思いますが、その作業はいびつになっています。科学者自身が論文を正当に評価できる能力を身につけることが、この呪縛から逃れるために重要だということは論をまちません。一方で科学の成果が公明正大にかつ国際的に広く公開されることは、科学者だけにとどまらず、社会的に重要だという認識が広がり、政治家も関心を払うべき問題でもあります。

関連した問題に学会発表の問題があります。今の時代、情報をネットで容易にとることができるようになり、学会発表で新しい情報を得る必要が少なくなりました。学会の意味も少しずつ変化しています。こうした中、近年、若者の学会発表の数も激減しています。全体から見ると若者は、発表は大変上手になっていますが、発表の本質は流暢《りゅうちょう》に話ができるかという技術的な問題ではなく、本当に伝えたいことがあるか、どれほど論理的でただしい展開ができているかです。発表減少の一つの原因は博士課程に進学する人が激減し、多くの人が修士課程修了で就職することにあります。就職が決まると頑張って学会発表をしようとする意欲が薄れてしまうのかもしれません。しかし若い時に、自分の研究成果を多くの人に聞いてもらい、批判を受ける経験は大きな意味を持っています。

以上のように、論文発表も学会発表も若い研究者が自立する上で重要なプロセスです。通常、多くの大学で、博士号の取得に、博士論文の内容の一部が国際誌に公表されていることを条件としています。博士論文はあくまで個人の作業なので、一人称で書かれます。博士論文作成によって、大学院生は大いに鍛えられます。現在のように博士課程進学者が激減する状況で、修士課程で学会発表をしなければ、独立し自立した研究者としての資質を磨く大切な機会が失われてしまうことになります。

こうした現状により、若い研究者の「本当に自分は自立した研究者だ」と自覚できる時期が遅くなってきていることを危惧しています。研究は毎日ワクワクするような発見の連続とはいきません。大きな論文発表だけではなく、日常の地道な工夫や小さな発見を楽しむことが研究者には大切になります。そのような機会をいかに作るかは科学者の大事な課題だと思うのです。その上で若いうちにこれは自分が成し遂げた成果だと思えるポジティブな体験をして欲しいと思うのです。一方科学論文はどんな素晴らしいものでも、ある意味では経過報告です。必ず誰かがその論文の結果を受けて、その先を進めるのが科学の進歩ですから、全て完璧に完結した論文はありえません。

科学は歴史の中にある人間活動の一つであり、絵に描いたような理想的なシステムは存在せず、さまざまの問題を試行錯誤しながら、前に進めていることを知ってほしいと思います。何にも増して、次世代を担う若者が、科学研究の楽しさを知り、真理の探究にチャレンジしてくれることを願っています。

２０２４年７月

本書は２０２１年11月に弊社より刊行した『未来の科学者たちへ』を改題のうえ、加筆・修正したものです。

大隅良典（おおすみ・よしのり）
1945年、福岡県生まれ。東京工業大学栄誉教授、同大学科学技術創成研究院細胞制御工学研究センター特任教授。大隅基礎科学創成財団理事長。東京大学教養学部卒業、同大学大学院博士課程単位取得後退学。アメリカ・ロックフェラー大学研究員、基礎生物学研究所教授などを経て、2009年より東京工業大学へ。16年、「オートファジーの仕組みの解明」により、ノーベル生理学・医学賞を受賞。同年、文化勲章受章。日本学士院会員。

永田和宏（ながた・かずひろ）
1947年、滋賀県生まれ。京都大学名誉教授、京都産業大学名誉教授、JT生命誌研究館館長。京都大学理学部物理学科卒業。アメリカ国立癌研究所客員准教授、京都大学再生医科学研究所教授、日本細胞生物学会会長などを歴任。歌人としても活躍し、宮中歌会始詠進歌選者、朝日歌壇選者をつとめる。著書『歌に私は泣くだらう　妻・河野裕子　闘病の十年』（新潮社）で第29回講談社エッセイ賞受賞。他の著書に『知の体力』（新潮新書）など多数。

基《き》礎《そ》研究者《けんきゅうしゃ》
真理《しんり》を探究《たんきゅう》する生《い》き方《かた》
大隅良典《おおすみよしのり》　永田和宏《ながたかずひろ》

2024 年 9 月 10 日　初版発行

発行者　山下直久
発　行　株式会社KADOKAWA
〒102-8177　東京都千代田区富士見 2-13-3
電話　0570-002-301（ナビダイヤル）
装 丁 者　緒方修一（ラーフイン・ワークショップ）
ロゴデザイン　good design company
オビデザイン　Zapp!　白金正之
印 刷 所　株式会社暁印刷
製 本 所　本間製本株式会社

角川新書

ISBN978-4-04-082506-9 C0240